湖上に浮かぶ竹生島（寿福　滋）

絹本著色弁才天像（竹生島宝厳寺蔵）

鎌倉時代の琵琶　賢意作（彦根城博物館蔵）

近江八景の一つ　歌川広重の粟津の晴嵐（大津市歴史博物館蔵）

さざなみの湖（寿福　滋）

伊能忠敬の「琵琶湖図」を写した「琵琶湖近傍大絵図」（栗東歴史民俗博物館蔵）

青花琵琶湖八景図敷瓦（大津市歴史博物館蔵）

竹生島にまつられている木造弁才天坐像

淡海文庫21

琵《び》琶《わ》湖《こ》

――その呼称の由来――

木村至宏 著

はじめに

琵琶湖は、私たちに与えてくれた大きな恵みの泉である。湖の存在が、原始時代から湖畔に人々の定住を誘う基礎ともなった。そして、琵琶湖は命の水であるとともに多くの人々にやすらぎや、四季それぞれに自然の「美」を感じさせてくれる稀有の湖でもある。

広大な湖を上空から眺めると、まるで池泉《ちせん》廻遊式の大庭園といえる。湖とその周辺の地域の人々は、長年にわたって共に深いかかわりをもちながら、すぐれた近江の歴史と文化を構築してきたのである。その意味からいえば琵琶湖の存在は大きく、文学作品・湖上交通・湖畔の築城・食文化・景観形成などその事例を取りあげれば枚挙にいとまがないほどだ。

しかし、現在固有名詞となり、広く内外によく知られている「琵琶湖」という呼称（湖名）は、いつごろだれによってつけられたのであろうか。素朴な疑問をもったのは、およそ十五年ほど前のことである。ちょうど比叡山の最高峰四明嶽《しめいがだけ》からくだってくるときに、樹林の間から眼下にひろがる琵琶湖の形態をみて、全体は見渡せないが、湖名が上手に付けられているものだと思ったことが端緒であった。

一般に固有名詞の名称は、元来ほかと区別するために一つの名称を表すものや、名称が何かの形態に酷似したことによって名付けられる場合が多い。日本最大の湖である滋賀県の琵琶湖の呼称についてはもちろん後者の例になるだろう。

いままでに湖の呼称の研究は寺尾宏二(1)・関啓司(2)の両氏によって行なわれ、湖の形が楽器の琵琶に似ていることによると述べられている。それ以外に呼称について諸説あるが、筆者も両氏と同様の考え方をもっている(3)。

本書では、湖と人のとのかかわりを最初に示す縄文時代の様相、そして奈良時代から以降、湖が人々にどのように受けとめられ、名付けられていたのであろうか。また、どのような推移で、楽器の琵琶が、湖上に登場し、その呼称が作品などにどのように表記されたかということである。単に琵琶の形態が、湖の地形に準拠するだけによるのだろうか。

その背景には、湖上に浮かぶ聖なる島「竹生島」の存在が考えられるだろう。呼称は楽器の琵琶をもつ弁才天像とも密接な関係を有しているといえよう。また、弁才天は水の神であるとともに、妙音天・美音天との異称があり、湖の代名詞の一つともいうべき「さざ波」といった現在でも実体験できる情景も見落とせないだろう。

そして、日本文化史上どの年代に「琵琶湖」の呼称が登場し、それが一般にどのような方法でより定着してきたのか。それらを中心に具体的な事例をあげながら考察しようとするものである。

平成十三年十月

目次

第一章 古代湖「琵琶湖」

琵琶湖の誕生

眼前にひろがる満々と水をたたえた琵琶湖は、悠久の歴史を構築し、私たちを含めて先人たちは原始時代から現在にいたるまで、何をもっても測ることのできない大きな恩恵に浴してきた。そして、琵琶湖は恵みの水ばかりでなく、私たちに無限の心のやすらぎをもたらしているとともに、近年では「環境保全」という概念をも教えてくれているのである。ここではその琵琶湖の呼称の由来を中心に、湖の文化史的意味をみてみよう。

この琵琶湖が、地形的に日本列島本州の中央部にあたる、滋賀県のほぼ真中を南北の方向に細長い形態で位置している。それはまるで巨大な水路のようだ。湖の長軸（塩津～瀬田川河口部）は六三・四九キロメートルという長い距離を有している。琵琶湖の東と西を結ぶ琵琶湖大橋の架かるところが、琵琶湖の最狭部（最小幅一・三五キロメートル）にあたり、昭和三十九年（一九六四）の大橋架橋以後に、その北側の主湖盆を北湖、南側の副湖盆を南湖とよばれる場合が多い。しかし、北湖の名称は江戸時代後期の日記に見ることができる。

湖の最深部は、北湖の安曇川河口沖の沖の白石付近の一〇三・五八メートルである。北湖の湖底は深い大きな窪みを形成しているが全体的に西側（比良山系側）に片寄り、いわゆる西側が東側に比べ急傾斜となっている。そして湖の平均水深は北湖約四四メートルであるが、南湖はわずか三・五メートルにすぎない。水面の高さ（大阪湾の平均干潮位の高さ）は八五・六一七メートルで大阪城の天守閣とほぼ同じである。

湖の面積は六七〇・二五平方キロメートルを有し、滋賀県の面積のおよそ六分の一を占めている。もちろん日本最大の淡水湖である琵琶湖は、湖岸（湖周）線は約二三五・二キロメートルを数える。それを仮にその距離を直線に伸ばすと、ちょうどJR大津駅からJR浜松駅に相当するという。琵琶湖の湖尻に位置する大津と浜名湖の玄関口浜松の関係は、偶然の一致というのだろうか、かつて近淡海《ちかつあわうみ》とよばれた近江の琵琶湖と、遠淡海《とおつあわうみ》の遠江（静岡県）の浜名湖との不思議なつながりを感じさせるのである。偶然が重なると説明のつかない因縁を感じる。物事の推移は、意外とこのようなことからはじまるのかもしれない。

琵琶湖の総水量（貯水量）は、約二七五億立方メートル（トン）を擁し、近畿一四〇〇万人の約一四年分の飲料水にあたるといわれている。湖水はまさに「命の水」といえるだろう。琵琶湖の面積は日本で最も大きいが、中央アジアの西部にある世界最大のカスピ海の面積三七万一〇〇〇平方キロメートルから数えて、世界では一八七番目に位置するという。[4] ちなみに日本の国土の面積が、三七万七〇〇〇平方キロメートルであるので、いかにカスピ海が大きいかをうかがうことができる。

しかし、琵琶湖の生い立ちは古く、現在の位置に定まったのはいまから約四〇万年前という世界有数の歴史を有し、世界の古代湖の一つに数えられる。世界には大小およそ数百万におよぶ天然湖沼があるといわれているが、その大部分は一万年よりも新しいという。そのうち古代湖とよばれる湖は、琵琶湖、カスピ海をはじめ、バイカル湖（ロシア）・ヴィクトリア湖（アフリカ）・ティティカカ（チチカカ）湖（南アメリカ）・タンガニーカ湖（アフリカ）などおよその一〇の湖を数えられるだけである。そのなかで琵琶湖は、約三〇〇〇万年前といわれる世界最古のバイカル湖、そしてカスピ海、タンガニーカ湖についで四番目に古い。(5) それらの湖は、約一〇万年以上という歴史を有し、いずれも地殻変動によって生じた構造湖で、数多くの固有の生物の種類に恵まれていることが、古代湖とよばれる要因となっている。琵琶湖の固有種は、五三の多くを数えるが、なかでも魚類としてビワマス・ワタカ・ゲンゴロウブナ・ホンモロコ・ニゴロブナ・ビワコオオナマズ・イサザなどはよく知られる。

ところで、琵琶湖はもともと現在の位置には存在していなかったのである。現在の琵琶湖が形づけられる以前の最初の湖は、今から約四〇〇万年から三二〇万年前に、三重県上野市・同県阿山郡大山田村周辺に誕生した「大山田湖」までさかのぼる。湖の変遷は次のとおりである。

大山田湖（約四〇〇万年前〜約三二〇万年前）
阿山湖（約三〇〇万年前〜約二五〇万年前）
甲賀湖（約二五〇万年前〜約二三〇万年前）
蒲生湖（約二五〇万年前〜約一八〇万年前）

堅田湖（約一〇〇万年前〜約四〇万年前）

このように湖は、年代が新しくなるにしたがって次第に北に移動していることになる。いまからおよそ四〇万年前に堅田湖を中心として、現在の琵琶湖のおおよその輪郭が形成されたといわれている。(6)そのときの堅田湖の形態は、現在の琵琶湖のよりも大きかったが、周囲の山々が次第に隆起し、湖は沈降し、その間に地層を堆積させていったという。その後の地殻変動で、周囲の山々が高さを増すにしたがい湖の規模は小さくなり、現在の琵琶湖が誕生したのである。

三重県にあったかつての大山田湖から滋賀県の堅田湖とよばれた湖は、現在では当然存在していないが、これらの湖に土砂などが堆積した地層は一般に「古琵琶湖層群」とよばれている。現在も滋賀県各地で、山の斜面・丘陵・川床などの古琵琶湖層群から化石林や動物の足跡化石などが発見され、ときどき新聞紙上をにぎわしていることは記憶に新しい。平成十二年（二〇〇〇）十二月に滋賀県と三重県の化石愛好会が集まり、「湖国もぐらの会」が結成されているほどである。

琵琶湖は、このように三重県内に誕生したときから予想もすることもできない長い歳月を経て北へと移動している。ちなみに数百万年の間におよそ一〇〇キロメートルも移動したことになる。そして、現在も地質研究者によれば微少ながら琵琶湖は北へと移動をしているといわれ、まさに琵琶湖は動いているのである。

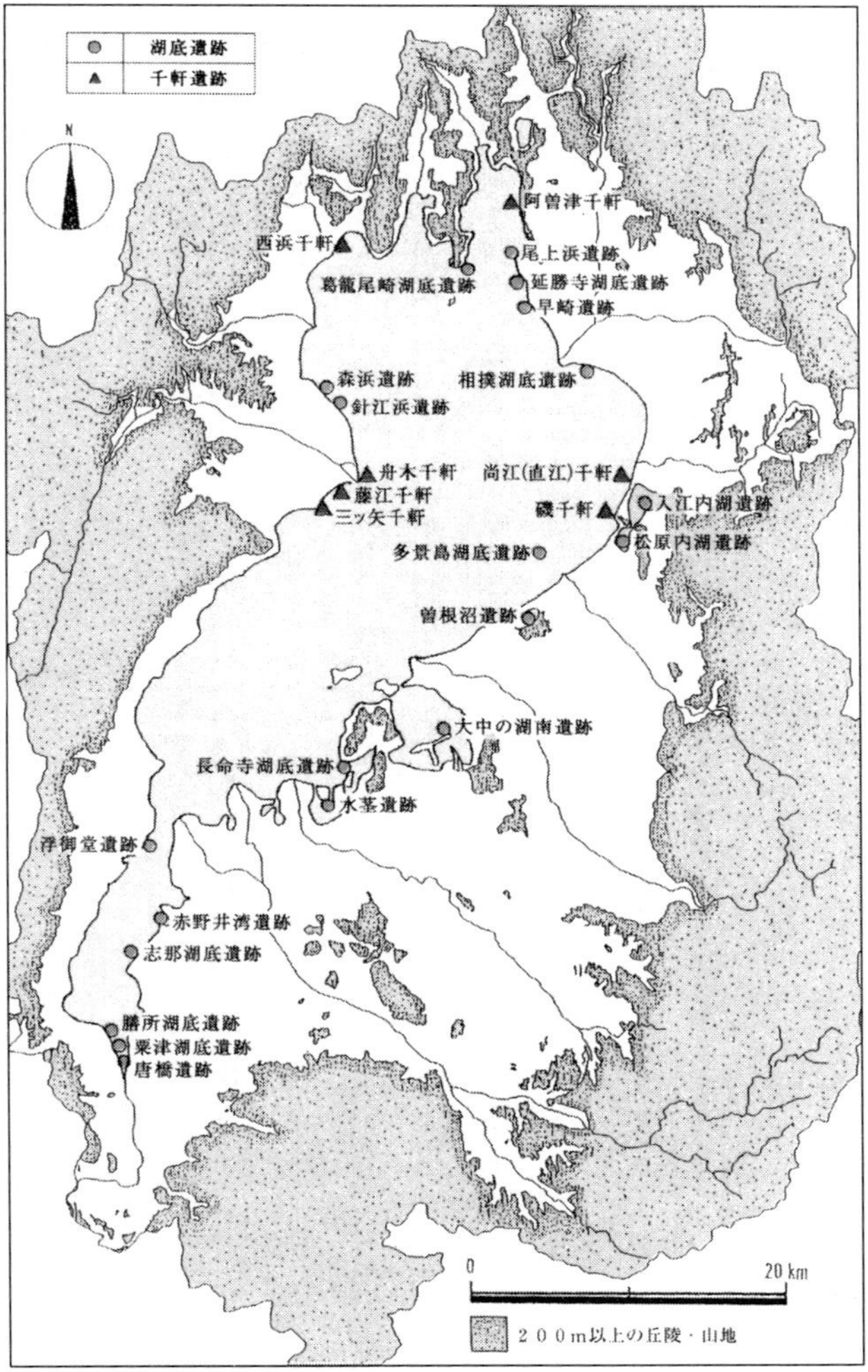

湖底遺跡一覧表『図説大津市史』より

縄文時代の琵琶湖

琵琶湖は、周囲を山々に囲まれ、そのほぼ中央に形成された。周辺の山を水源にした多くの河川が湖に注ぐ。現在でも総延長六一キロメートルの野洲川をトップに安曇《あど》川・愛知《えち》川・日野川・姉川・犬上川など一〇〇をこえる一級河川がある。かつて湖辺から山麓に広がる原野と、豊かな湖水をたたえた琵琶湖周辺は、絶好の生活環境を醸成していたのである。このような条件を背景に湖と人々の深いかかわりを示す生活の足跡が、滋賀県内の各地おもに湖岸を中心に確認されるのは、いまからおよそ一万二、三千年前から二千数百年前まで続いた縄文時代のことである。それは琵琶湖の人文科学的歴史の幕開けを示すものであった。

その顕著な例として、縄文遺跡は琵琶湖周辺を中心に二〇〇ヵ所におよぶといわれている。(7)ちなみにいまから八〇〇〇年から六〇〇〇年前後とみられる縄

粟津湖底遺跡の発掘現場（県教育委員会）

文時代早期の遺跡のおもなものとして石山貝塚（大津市）をはじめとして少しくだるが・粟津湖底遺跡（大津市）・赤野井湾遺跡（守山市）・大中《だいなか》の湖《こ》東遺跡（能登川町）・弁天島遺跡（安土町）などがあげられる。それらはいずれも湖辺に立地していた。

なかでも縄文時代において注目されるのは、湖底遺跡の存在である。全国の湖でも湖底遺跡はあるが、琵琶湖ほど多くみられる湖はほかにない。現在、琵琶湖で湖底遺跡として報告されている遺跡は、おおよそ八〇ヵ所を数えている。湖底遺跡の立地の地形については、おおきく四つに分類することができるという。[8]

すなわち(1)湖岸の砂地とそれに続く浅瀬に立地、(2)湖中の浜堤状の浅瀬、(3)内湖に面する浜堤状に立地、(4)水深一〇メートルをこえる深水域がある場合である。そのなかで最も著名な遺跡は、湖北の葛籠尾崎《つづらをざき》遺跡であろう。

大正十三年（一九二四）北から南に向かって、琵琶湖に大きく突き出した葛籠尾崎の東にあたる水深五〇メートル前後の湖底から尾上（湖北町）の漁夫が曳くいさざ漁の網によって、縄文時代の土器が引きあげられた。これによってはじめて葛籠尾崎遺跡の存在が明らかになったのである。いさざ漁は水深四〇

彦根市の松原内湖遺跡の丸木舟（滋賀県立琵琶湖博物館）

メートルから六〇メートルの湖底に棲息《せいそく》するいさざを網で獲る琵琶湖独特の漁法だ。引きあげられた土器は、これまでに縄文土器（早期から晩期）や弥生土器を中心に二〇〇〇点近くにのぼる。(9)現在まで調査された湖底遺跡のなかで、このような深い湖底に土器が存在したのはもちろん葛籠尾崎遺跡だけである。

次いで琵琶湖の南端にあたる瀬田川河口部に位置する粟津湖底遺跡がある。現在の粟津中学校のやや東北の方向にあたる。発掘は平成二年から同三年にかけて鉄板で囲いをしての大規模な発掘調査が実施された結果、いまからおよそ四五〇〇年前の縄文時代中期の日本最大の淡水貝塚が見つかった。この地からセタシジミを中心とした貝層とトチ・ドングリ・クルミ・クリなどの堅実類の殻からなる植物遺存体層やコイ・フナ・ナマズ、イノシシ・シカなどの獣魚骨類がサンドイッチの状態で発掘され、縄文人の食生活ぶりをうかがうことができる。(10)そして遺跡からみて当時のこのあたりの琵琶湖は現在よりも幅がせまく、しかも水位が、現在より約五メートル低かったことが確認されている。

これ以外にもおもな湖底遺跡として、縄文時代後期から平安時代末期の長命寺湖底遺跡（近江八幡市）、縄文時代後期から古墳時代の針江浜遺跡（新旭町）、前掲の縄文時代早期の赤野井湾遺跡などがある。これらの湖底遺跡から土器・石剣・石鏃・石錘などが出土し、縄文人の湖辺における生活の跡を確証づけている。

ところで、湖底遺跡のほかに琵琶湖と縄文人との深いかかわりを示すものとして丸木舟がある。いまから四〇〇〇年余り前の縄文時代後期につくられた丸木舟が琵琶湖の沿岸で出土している。

当時の丸木舟は、一本の木をくりくぼめて作られた舟のことである。琵琶湖の丸木舟では、船首・船尾の立ち上がりが緩やかな平面形で、両端が比較的尖る形態いわゆる鰹節《かつおぶし》型と、立ち上がりが比較的急な平面形で両端が丸い形態の割竹型の二形態がみられる。(11) 丸木舟で日本における最古の遺例は、福島県三方郡の鳥浜遺跡や千葉県丸山町の縄文時代前期の加茂遺跡などがあるが、琵琶湖ではそれに次ぐ丸木舟が四ヵ所から出土している。

すなわち、松原内湖遺跡（彦根市）、元水茎《もとすいけい》遺跡（近江八幡市）、長命寺湖底遺跡（同上）、尾上《おのえ》浜遺跡（湖北町）の各遺跡から、それぞれ縄文時代後期から晩期までの丸木舟が、合わせて二一艘という全国一の出土例を誇るとともになかには舟をこぐ道具の櫂《かい》（長さ一・三一メートル）の検出されたことが報告されている。[12] 丸木舟の中には、元水茎遺跡から出土した全長七・九メートル、幅一メートル、高さ〇・五五メートルといった大きなものがある。縄文人は全長平均五メートル前後の丸木舟を使用して、湖上において漁撈や諸物資の運搬、さらには湖辺の他地域の人との交流に役立てていたに違いない。

横田洋三氏によると出土した縄文時代の丸木舟を新たに復元し、「さざなみの浮舟」と号した舟は、尾上浜から竹生島に向けて出航。湖上の波がおだやかであれば、時速およそ三・六キロメートルで航行ができるという実験結果が報告されている。[13] この丸木舟こそが、かつての縄文人の生活や琵琶湖を介して他地域との交わりのあったことを、今に伝える貴重な例といえるだろう。

このように縄文時代の湖底遺跡や丸木舟の出土をみると、縄文人は、日本のなかで比較的早い時期に、琵琶湖という与えられた自然の恵みを生活の舞台としていたことが理解できる。縄文時代だけでなく、それに続く稲作栽培を中心とした弥生時代や古墳時代においても、琵琶湖と陸地との接点、いわゆる湖辺やそれに近い低湿地に高度な稲作技術を導入して生活の基盤を設けた。また、湖を望む丘陵地には集落が設けられたのである。いまも琵琶湖周辺の各地に、その時代の住居跡、周溝墓、さらに生活用具などが数多く発掘されている。この一連の事実から推測して、琵琶湖は縄文・弥生時代という生活から、人々がいかに琵琶湖と深いつながりを持ちながら歩んできたかを明確に傍証しているといえるだろう。このように近江における文化事象の黎明は、琵琶湖からはじまったといっても過言ではない。

第二章

古代の近江と湖

近つ淡海

奈良時代に入り政治・文化の中心が大和（奈良県）に誕生して以来、人々の行動範囲の拡大性というべきか、意識のなかにはじめて湖（琵琶湖）をはじめとする近江国の存在が人々に認識されるようになった。そして、それを反映するかのように湖の呼称を推考させるに充分な用字が、文献資料に登場したのである。ここで呼称の推敲について少しみてみよう。その代表的なものは、奈良時代初頭に成立した日本最古の歴史書である『古事記』や『日本書紀』があげられる。

まず『古事記』には、淡海（アハウミ）と近淡海（チカツアハウミ）と表記されているのが二十一もある。(14) たとえば、用字のところだけしぼっておもなものを掲げてみると

その伊邪那岐《いざなぎ》の大神は、淡海の多賀に坐《ま》すなり（上巻）
大山咋神《おおやまぐひ》、またの名は山末の大主神、此神は近淡海国日枝《ひえ》の山に坐す（上巻）
近淡海の安国造《やすのくにのみやつこ》の祖（中巻）
近淡海の御上（三上）の祝《はふり》が以ちいつく（中巻）
若帯日子《わかたらしひこ》の天皇、近淡海の志賀の高穴穂《たかあなほ》宮に坐《ま》しまして（中巻）
東の方に追ひ廻りて近淡海国に到り（中巻）
淡海の佐佐紀《ささき》の山の君の祖（下巻）
建内宿祢《すくね》の命（中略）、淡海及若狭国を経歴し時（中巻）

などをみることができる。

これによって琵琶湖をもつ現滋賀県のことを『古事記』では、琵琶湖を強く意識した「淡海」・「近淡海」の用字で表記されていたことがわかる。そして、その用字は、当時いずれも琵琶湖そのものに用いられたのではなく、琵琶湖を含めた広い範囲の地域名、いわゆる国名として使用されていたことになるといえるだろう。

ところで、どうして「淡海」や「近淡海」の言葉が用いられたのであろうか。

これに対してずいぶんと年代がくだるが、江戸時代の享保十九年（一七三五）膳所藩の儒学者寒川辰清《さむかわたつきよ》が編述した『近江輿地《よち》志略《しりゃく》』に

水うみという字は、海に対して潮にあらずとの言ばあり。源氏物語その他の歌書にもみな以て、塩ならぬ海ともかけり。淡海といへるところは、塩なくて味あわきということなり。みずうみの訓は、水のみを湛へて、海のごとく大なる池という意なり。

とあり、示唆にとんで内容が含まれている。また、鎌倉時代の『太平記』にも「打出の浜、沖を遥《はるか》見渡せば、塩ならぬ海にこがれ行、身を浮き舟の浮沈み」とある。

このような淡海・近淡海の表記は、のちに「近江」という国名が用いられる以前の古い国名表記であったことがうかがえるのである。しかし、『古事記』中巻のなかに

いざ吾君《あぎ》、振熊が痛手負はずは　鳰鳥《にほ》の阿布美能宇美迩（アフミノウミ
ニ・淡海の海）潜《かず》きせなわ

の歌謡がある。これは仲哀天皇の王子の忍熊《おしくま》王が、応神天皇の即位を阻止する

ための乱が発生し、応神天皇側の振熊と戦ったが、忍熊王は淡海に敗走し湖に入水するという。『古事記』では「淡海の海（湖）」と表記されているのはこれだけであるが、ここで淡海の国名と海いわゆる琵琶湖のことを表記されていることは注目される。

『日本書紀』では「淡海の海　瀬田の済《わたり》に潜く鳥　目にし見えねば　憤《いきどほろ》しも」の歌謡をはじめとして、淡海の海や淡海を表記した例を多くみることができる。それに比べて前述の『古事記』で表記されていた「近淡海」の用字の個所がほとんど姿を消している。そして、淡海とともに新たに「近江」の表記が登場するのである。

「近江」の表記が文献に顕著にあらわれるのは、奈良時代の天智天皇の近江遷都（現大津市）からであった。ちなみに『日本書紀』によれば、天智天皇五年（六六六）に「是の冬に宮都の鼠《ねずみ》、近江に向きて移る」とあり、続いて翌年の同六年三月十九日の条に「都を近江に遷《うつ》す。是の時に、天下《あめのした》の百姓《おほみたから》、都を遷すことを願はずして、諷《そ》へ諫《あざむ》く者多し、童謡亦衆し、日日夜夜、失火の処多し。」とあり、近江の表記とともに天智天皇の近江遷都を明らかにしている。

近江大津宮建物復元。遺構実測図から復元された建物をもとにコンピュータグラフィックスで作成された内裏南門（制作：大上直樹氏・大津市歴史博物館提供）

それ以外にも『同書』には、近江宮・近江大津宮の表記が登場し、いままでの淡海・近淡海から、新たに国名もしくは地域名として明確に「近江」の文字が使用されてきたことを示している。

『日本書紀』の後を受けて編纂された『続日本記』（六九七〜七九一）には、櫻井信也氏によれば、大津宮の使用された表記の例として「近江大津宮五例、淡海大津宮三例、淡海一例」があると報告されている。(15) これからみても近江は、近江大津宮を主体にいまだ淡海、近淡海の字句を冠していたことがわかる。いわゆる移行期からであろうか。

そして、近江という表記と国名を示すことが、公的に定まったのは、奈良時代の大宝四年（七〇四）律令制国名表記の諸国印を鍛冶司に鋳造させたことによるといわれている。(15) そうすると大宝四年よりも約四〇年前も早くに近江の表記がすでに使用されていたことになる。その意味においては、近江大津宮の遷都の果たした役割も大きいといえるだろう。

次に興味深い史料がある。すなわち『続日本紀』の養老元年（七一七）九月の条に、奈良時代の元正天皇が美濃（岐阜県）行きのときに近江を通り「行至

近江国　観望淡海」と記されていることである。この字句は短いが、本題の琵琶湖の呼称の由来を考えるうえにおいて、重要な示唆に富んだ内容といってよい。

これによると、ときの元正天皇が近江国において、淡海いわゆる琵琶湖の景色を眺めていたことを示している。すなわち国名を「近江国」とし、琵琶湖を「淡海」と表記したのである。いままでの文献では、琵琶湖のことを淡海の海と一つの言葉で表記していたことから、明確に表記を使い分けて、淡海を琵琶湖とした用字の好例といえるだろう。

また、淡海ことではないが、和銅五年（七一二）近江国司の長官であった藤原武智麻呂の伝記には、近江国を評して

近江は宇宙の名地、地広く人衆《おお》く、国富み家給す（中略）。水海《すいかい》清くして広し。山木繁つて長し、時の人みな曰《いわ》く、大平の代。この公私往来の道、東西二陸の喉《こう》なり。

とある。

近江の国を表現するうえでこのほどみごとに的を得た名文はない。当時の近江の国の地勢を知る唯一の資料といえるだろう。このことから近江は、日本の

中で比較的早くに開けていたことを示していると推測される。そして近江国の当時の現況と、いわゆる「ミズウミ」の「水海」として琵琶湖のことを端的に表現している。この表記からも当時、湖のあるこの地域を近江国と表現していたこと、また、琵琶湖を淡海のほかに水海と呼称していたことを傍証しているといってよい。これが水海の表記の初出であるが、その後の資料や近世の古絵図・地図にもしばしばみることができる。とくに本稿と関係の深い十四世紀初頭の『渓嵐拾葉集《けいらんしゅうようしゅう》』にも「水海」と表記されている。おそらく前にも述べたように塩水に対して、淡水を強調をしたのであろうか。

ところで、淡海の表記は、『古事記』や『日本書紀』では、国名を示しているが、言葉そのもの自体は、前述したように琵琶湖を形容していることは容易に理解できるだろう。淡海とともに使用されていた「近淡海」は、何に由来しているのだろうか。一般的にその用字から大和の宮都から近いところに位置する大きな淡海、いわゆる琵琶湖とそれを含む地域を示しているといわれている。近いという言葉があれば、当然二極の原理で遠い淡海が存在するわけであるが、それは遠つ淡海として浜名湖（静岡県）を意味している。

それにちなんで浜名湖とその地域を遠淡海とよばれ、それがのちに遠江国という国名となったことはよく知られている。『古事記』には、すでに述べたように近淡海の表記があり、『日本書紀』に近江や遠江の表記は見られるが、遠淡海の表記はない。そして一般的に国名の近江は、浜名湖のある「遠つ淡海」の遠江の国に対し、都に近い「近つ淡海」から転じて近江となったといわれているが、確証づける資料が管見の限りみあたらない。年代がくだるが江戸時代中期の正徳三年（一七一三）の『和漢三才図会』に「近江というのは京都に近く、東国の遠江に対していう」とある。近江の名称は、前述のように琵琶湖を視座においた近淡海から転化して生まれたのであろう。

古歌に読まれた淡海

いまからおよそ一三〇〇年前の奈良時代につくられた日本最古の歌集『万葉集』には、近江を舞台にして詠まれた歌が一一六首にのぼっている。これは大和国、摂津国に次いで多い。そのうち近江、淡海の字を用いた歌は、三六首という多くを数えている。この数は近江を詠んだ歌のおよそ三分の一を占めていることになる。

そして、そのなかで琵琶湖を形容する淡海の海、近江の海の用字が含まれた歌は一四首もある。たとえば

淡海の海　夕浪千鳥汝《な》が鳴けば　情《こころ》もしのに古《いにしへ》思ほゆ

淡海の海　波かしこみと　風守り年はや経なむ　漕ぐとはなしに

淡海の海　沖つ島山奥まけて　わが思ふ妹が言《こと》の繁けく

大津市役所前に建つ万葉歌碑。柿本人磨の「さざなみの志賀の大曲よどむとも　昔の人にまた逢わめやも」の歌が刻まれている（大津市役所前）

近江の海　湊は八十《やそ》あり　いづくにか君が船泊て　草結びけむ

近江の海　沖漕ぐ船に　碇《いかり》おろしかくれて君が　言待つわれぞ

の歌などがある。

この歌をみても、『万葉集』では琵琶湖のことを淡海国、あるいは近江にある海として、充分に琵琶湖を視座に入れての歌であることをうかがうことができる。また、『万葉集』でとくに注目すべきは、淡海の海と並んで、湖や志賀にかかる枕詞（特定の語の上にかかる修飾のことば）として知られる「さざなみ、楽浪」を冠した歌が一〇首にのぼることである。なかでも万葉の歌人と知られる柿本人麿が近江の荒れたる都（近江大津宮）過ぐるときに作った歌として廃都をしのんで

さざなみの志賀の大曲《おおわだ》淀むとも　昔の人にまた逢わめやも

さざなみの志賀の唐崎幸《さき》くあれど　大宮人の舟待ちかねつ

の歌は著名である。前者の歌の大意は、さざなみの志賀の大きな湾には、水が淀んでいるけれども、昔の大宮人（近江大津宮の人々）に再び逢うことができるだろうか、である。「さざなみ」については後述するが、小波、細波、楽浪、

漣とも書くが、言葉の響きや表記からも琵琶湖上の独特の風情を象徴する言葉といえるだろう。まさに琵琶湖を代表する表記である。「さざなみ」といえば、最もよく知られている和歌に武家歌人の平忠度《ただのり》の

さざなみや志賀の都はあれにしを　むかしながらの山ざくらかな

（千載和歌集）

がある。これはさざ波の立つ志賀の都は荒れてしまったけれども、昔と変わらずに長等の山桜は咲いているだろうよという意味であろう。長等山は山桜の名所であった。

ところで、「さざなみ」の用字が使用されたのは意外と古く、奈良時代の和銅六年（七一三）の『近江風土記』逸文（記録が散逸して原本がなく、他書から引用されたもの）にすでにみることができる。すなわち『同書』には、「細波国」として

近江の国の風土記引きて言わく、淡海の国は淡海を以ちて国の号と為す。故に一名《またのな》を細波国と言ふ。目の前に湖上の漣なみを向ひ観るが所以なり

とある。すなわち淡海の国は、「淡海」をもって国名とし、また細波国という、

それは眼前の湖のさざ波が寄せる様相からつけられたのであろう。これには近江・細波・淡海といった国名と琵琶湖の呼称を推考するうえで、いたって重要な用字といわなければならない。

また、琵琶湖の呼称として、すでに淡海の海・近江の海について述べてきたが、異称として鳰の海がある。前述の『古事記』で紹介した歌謡のなかにも「鳰鳥の淡海の海」があった。それ以外にも「鳰鳥の潜き息づき」の歌謡があるが、鳰鳥は琵琶湖の水面に浮かび水中に長く潜る「かいつぶり」のことで、湖に多く生息している。

鳰鳥のことは『万葉集』にも直接湖と関係はないが、「鳰鳥の息長《おきなが》川　絶えぬとも　君に語らむ　言尽きめやも」の一首があるが、また、鳰の海として平安時代の『源氏物語』の「早蕨《さわらび》」の巻に

しなてる鳰の海に漕ぐ舟の　夏帆ならぬとも逢い見し物を

とある。同時代の『千載和歌集』に

我がそでの涙や鳰の海ならん　かりにも人をみるめなければ

と詠まれている。そのほか『新古今和歌集』の藤原家隆の歌にも

鳰の海や月の光のうつろえば　波の花にも秋はみえけり

とある。このように琵琶湖に生息する代表的な鳥の鳰は、先述のさざなみと同じように琵琶湖を意味する歌枕的な表記として歌に詠まれていたことが理解できる。現在も琵琶湖で常に見ることのできる鳰は、親しみのある鳥として滋賀県の「県の鳥」として昭和四十年（一九六五）に指定されている。

それはともかく、『万葉集』における近江を舞台として詠まれた歌の大部分は、天智天皇による六六七年の近江遷都いわゆる近江大津宮のときか、あるいはそれ以降の歌が多い。飛鳥から近江に日本の政治の中心が移されるにともない、前述の柿本人麿、高市古人をはじめとする多くの著名な歌人たちが、近江の地をたびたび訪れたことを物語っているといえるだろう。

そして、古代の歌人たちはおそらくはじめて近江の地を訪れ、実際に眺めた大きな琵琶湖を中心として、周りを美しい山々に囲まれ四季変化する近江のすぐれた風光や近江大津宮廃都などの様相が、歌人たちの感性を強く刺激したのではないかと推測される。

それは奈良時代の『万葉集』に限らずそれ以降の平安・鎌倉の各時代の歌集

からも数多く読み取ることができる。ちなみに

さざ波や志賀の都の花盛り　風よりさきに　訪《と》はましものを

（金槐《きんかい》和歌集）

さざ波や矢橋の舟の出ぬまに　乗遅れじといそぐ徒人《かち》

（夫木和歌集）

などがある。この意味からも、古代における近江大津宮遷都は、前述したとおり近江の恵まれた地形的な位置だけにとどまらず、琵琶湖の湖名を探るうえにおいても、重要な役割りを果たしてきたといっても過言ではない。

古代の湖上交通

琵琶湖の湖上交通の端緒は、すでに述べたように縄文時代につくられた丸木舟によるものであった。しかし、丸木舟による広大な湖の東西の横断や南北の航行は風波を受け、規模的に舟の構造から無理であったと考えられる。おもに丸木舟は湖辺を中心に使われていたのであろう。

そして、弥生時代後期から古墳時代には、金属器が大陸から伝播し、いままでの丸木舟造りの技術が向上し、準構造船とよばれる船が湖上に普及したのである。用田政晴氏によれば、その舟は先端部に波切板、横に舷側板を立て、各部材はホゾ（二つの部材を結合させるとき一方の材につくる突起物）と桜の樹皮で結合した舟であるという。(17) その部材が松原内湖遺跡（彦根市）、下長遺跡（守山市）・斗西遺跡（能登川町）などから出土している。おそらく準構造船は、構造的に丸木舟より一段と強固で、湖上における航行距離も延びたものと推測される。

その後、具体的に湖上の往来（交通）が登場してくるのは、奈良時代に入ってからである。日本最古の歌集『万葉集』には、湖上における舟による航行がうかがえる歌が多く詠まれている。たとえば

磯の崎　漕ぎ廻《こた》み行けば　近江の海　八十の湊に鵠《たづ》多に鳴く

わが船は　比良の湊に漕ぎ泊てむ　沖へな離りさ　夜更けにけり

率《あども》ひて　漕ぎ行く船は高島の　阿渡《あど》の水門《みなと》に　泊《は》てにけむかも

大御船《おおみふね》泊《は》ててさもらふ　高島の三尾《みを》の勝野《かちの》の　渚《なぎさ》し思ほゆ

などがある。ここにあげた歌は、いずれも実際に船を使って湖上を漕ぎ行く様相がうかがわれる。二番目の歌は、自分の舟は比良の湊まで漕いで泊まろう、沖の方へは離れてゆくな、もう夜がふけてしまったと、湖を舟を漕いできたときの情況をうまく歌にしている。なかでも「率ひて漕ぎ行く船は」にはじまる歌は、「たがいに」という意味があるので、一隻だけでなく複数の舟と連れそって漕いでいることが推測できるだろう。その舟は先述の準構造船なのか丸木

大中の湖南遺跡から発掘された船着き場（滋賀県教育委員会）

舟であるのかは不明である。

『万葉集』には、歌の中に「八十の湊」と表記されているように湊・泊・浦などの表記も多く見ることができる。ちなみに、歌集に詠みこまれた湊・浦などをあげてみると、塩津（西浅井町）・大浦（同上）・菅浦（同上）・磯（米原町）・朝妻（米原町）・津乎《つお》の崎（尾上、湖北町）・勝野（高島町）・香取浦（同上）・真長の浦（同上）・安曇（安曇川町）・矢橋（草津市）・水茎の岡（近江八幡市）・唐崎（大津市）・志賀浦（同上）・三津浜（同上）・真野浦（同上）・比良湊（志賀町）などがある。

ところで、古代における舟の航行や港の存在は考えられても、また、港（湊）にあたる船着き場は、地形的に想定できてもいままで湊の場所・桟橋などの構造を確定するものは何一つも発見されていなかった。しかし、平成十三年（二〇〇一）三月に琵琶湖岸の湖底遺跡「大中の湖南遺跡」（安土町下豊浦）において、滋賀県教育委員会によって飛鳥時代から奈良時代にかけての南北に細長い港湾施設の遺構が初めて発掘されたのである。しかも港は古代の文献上は知られていなかった。それは両側を板で囲み、石を敷きつめた形で、三列が確認。

そして、遺構の先端部が東側に折れて途切れ、全長三七から四二メートルほどの突堤状と判明し、丸木舟が接岸する船着場であったのではないかといわれている。

その遺構の先端が東に折れているのは、波や風をよけるために工夫したらしいこともわかった。この船着き場の築造時期は七世紀後半から八世紀前半ともいわれ、その時期はすでに述べた天智天皇が、湖岸近くに六六七年に造営され近江大津宮から、ちょうど地理的に琵琶湖をはさんでの対岸へのルートに関連する遺構ではないかともいわれている。[18] いずれにしてもこの画期的な発掘調査の結果によって、古代の港（船着き場）とその構造を私たちは実感することができる。

そして、より港の存在を明確に示すのは、少し年代がくだるが、志賀町和迩の船瀬である。『類聚三代格』の項によると

和迩船瀬（中略）故律師静安法師、去る承和年中造所也。而沙石の構、年を遂て漸頽、風波の難、日に隋て弥甚し。往還の舟船、しばしば没溺に遭う。公私運漕常に標失いたし爰賢和（僧名）去年春より、企心弥済輪誠修

造。数月之間適《たまたま》得成功。（下略）

とある。すなわち、比良山中に最勝寺などを創建した南都（奈良）の僧静安《じょうあん》が、承和年中（八三四～四八）に築いた和迩の船瀬（港）の石垣が、年を追うにしたがってその崩れがますますひどくなり、湖上を往還する船が風波を避けることができずしばしば沈没に遭い、公私の運漕に支障をきたしているので去年春から賢和が修復し数ヵ月でできあがったというものである。これは平安時代の貞観九年（八六七）に静安の弟子の奈良の元興寺僧賢和が、和迩の船瀬（船着き場）の修造を公に移託することを近江国司に願書を提出し許可されたことを示している。琵琶湖における港の存在の早い時期の存在を示す注目すべき事項といえるだろう。

比良山麓の湖辺の和迩の船瀬は、当時琵琶湖を往還する公私の運搬を任とする船の重要な寄留港であったことを示している。そしてこの史料から静安やその弟子の賢和が、比良山中の寺院における仏教行事だけでなく、湖上交通を補助する港の修造という社会事業に深く関与していたこともうかがうことができ興味深い。

野洲川。滋賀県を代表する一級河川、河川の利用は奈良時代にさかのぼる。美しい形姿は近江富士とよばれている三上山（寿福　滋）

ところで、文献史料のうえで具体的に湖上水運のさきがけとなったのは、奈良時代の材木の運送であった。大和の藤原宮造営・東大寺創建や大津の石山寺増改築などには、近江の甲賀・高島・田上の各山の良材が利用されたのである。たとえば、甲賀山作所では天平勝宝五年（七五三）ごろ、東大寺の講堂建造に際して甲賀の山々の良材が運ばれている。

材木は、甲賀の山々から野洲川の支流杣川（流長二〇キロメートル、水源は鈴鹿山系）沿いの矢川津（甲南町）や、杣川が野洲川と合流する三雲津（甲西町）まで運び出され、その後筏を組んで野洲川河口へ。そして湖上を石山津（大津市）まで運送されたのである。高島山からはおもに安曇川上流の朽木谷からあるいは鴨川から河口の舟木崎（安曇川町）へ、湖上を南下して木材の集荷場にあたる石山津へ搬送。ここに集結された材木は、琵琶湖から唯一の流出口の瀬田川、宇治川、巨椋池《おぐらいけ》を経て木津川をさかのぼり木津の里で陸揚げされ、陸路を奈良山（般若坂）を越えて大和（奈良）へと運ばれた。

木材ではないが、白鳳時代の瓦溜りが守山市の赤野井湾遺跡で発見されている。ここから出土した大量の平瓦と丸瓦は、未使用でおそらく船で運送していた瓦の積荷が途中で崩れ沈んだのか、湖岸に陸揚げされた瓦が放棄されたのでないかともいわれている(19)。

材木のあと諸物資が、具体的に湖上運送されるのは平安時代に入ってからである。平安時代の延暦十三年（七九四）、桓武天皇が長岡京から都を平安京に遷都したことについてはすでに述べた通りである。それ以来琵琶湖の湖上交通は、飛躍的に発展した。

王城の地に隣接する近江は政治・経済・文化などの多岐にわたって大きな影響を受けたのである。とりわけ琵琶湖が脚光をあびることとなった。それは地形的に細長く巨大な水路のような琵琶湖が、北国・東国と平安京を結ぶ重要なルートとなったためである。

その実態が、史料のうえに明確に登場したのは、もちろん平安京遷都以後のことであった。すなわち平安時代初期の朝廷の年中行事や制度などを記した『延喜式』の延長五年（九二七）の項に、

若狭国陸路《くがじ》（中略）海路《うみじ》、勝野津より大津に至る船賃米石別一斗、狭杪功《かじとり》四斗、水手《かこ》三人（中略）。越前国陸路（中略）海路比楽《ひら》湊（石川県石川郡

美川町付近か）より敦賀津に漕ぶ船賃（中略）。加賀・能登・越中等国亦同じ、敦賀津より塩津に運ぶ駄賃、米一斗六升（中略）。塩津より大津に漕ぶ船賃、石別米二升・屋貸石別一升・狭杪六斗・水手四斗（中略）。大津より京に運ぶ駄賃、別米八升（中略）。

とある。日本海に面した北国（加賀・能登・越中など）の物資が、海路で敦賀津へ運ばれる。そこで荷揚げされた物資は、陸路を越前と近江の国境の深坂峠を越え、近江の琵琶湖の北端に位置する塩津（西浅井町）へ。また、若狭地方からは陸路を水坂峠を経て勝野津（高島町）に運ばれた。そしていずれも湖上を南下して大津まで廻漕され、大津港から陸路を京にまで運ばれたことを物語っている。

また、この北国の物資輸送の湖上ルート以外に、東国のルートもあった。東国の琵琶湖の玄関口は、天野川（旧息長川・箕浦川・朝妻川）の河口に位置する朝妻（米原町）である。平安時代の天暦四年（九五〇）に封戸（社寺の俸禄の封家となった家）一〇〇戸から調絹代米・美濃国の庸米・租穀など約四〇〇石が朝妻港まで運ばれ、その港から湖上を大津まで廻漕されている。そのとき

朝妻湊跡。平安時代から江戸時代まで東国・北国の玄関口として湖上交通の要衝地として盛えた（寿福　滋）

使用された朝妻定の舟賃として三割にあたる一二〇石という高い額が支払われている。早い時期に琵琶湖の物資輸送にともなう船賃が定められていた事実を知ることができる。当湊の「朝妻舟」は、西行法師が「おぼつかな伊吹颪の風先に　朝妻舟は会ひやしぬらん」（山家和歌集）と詠むなど、当時から知られていた。

平安時代の湖上交通をみてきたが、物資の輸送とともに人の往来も当然行われていた。なかでも有名なのは『源氏物語』の作者紫式部である。式部は二十三歳のとき、父藤原為時が越前の武生《たけふ》（福井県武生市）に赴任するとき同行している。長徳二年（九九六）大津から船に乗り三尾崎（高島町）・磯（米原町）を経て塩津へと向かっている。そのとき式部は近江の湖の三尾崎で網引く人を見て、

三尾の海に網引く民の手間（手を休めること）もなく
　立ち居につけて都恋ひしも
（紫式部集）

を詠んでいる。

また、軍事面でみると記録のうえで、最も早く船を使用したのは平安時代末

の寿永二年（一一八三）のことであった。すなわち平家の大軍が挙兵した北陸の木曽（源）義仲追討のとき坂本から、対岸の山田（草津市）・矢橋（同）・木浜（守山市）へ上陸し北陸へ向かっている。それ以降軍の攻防のたびに船が使用された。

いずれにしても北国・東国の諸物資は、塩津・勝野津・朝妻といった湖辺の港を経由してすべて湖上を大津港まで廻漕されたのである。湖上交通の中心的役割を果たしたのは、琵琶湖の湖尻に位置する大津港であった。桓武天皇が平安遷都と時同じくして、かつての天智天皇ゆかりの近江大津宮の古津から大津に改称して以降、大津港は恵まれた地形を背景に、平安京の外港的位置を占めていたといってよい。

ところで、平安時代の湖上交通は、すでに述べたように、どちらかといえば南北ルートが中心であった。そのなかで地形的に琵琶湖の最狭部（幅一・三五キロメートル）に位置し、その恵まれた条件をうまく利用した堅田の「堅田渡」がある。ちなみに平安時代の永承五年（一〇五〇）、奈良の元興寺《がんごうじ》領荘園の愛知庄（愛知郡）の地子米《じし》（田以外の土地に課せられた賦課のことであるが、ここでは算定の石高以上に収穫された分に賦課される税）決算書の中に運賃雑用として、船賃・梶取二人・水手《かこ》（船乗り）六人・苫賃《こま》（米を覆う菰）・借馬三疋代とともに「堅田渡　酒直（値）一斗五升」とある。すなわち元興寺へ運送するために湖の東岸の港から出発した船が、堅田を通過するときに、堅田渡しとして酒代一斗五升分が必要とされたことを記している。おそらく堅田において湖上の関所的な通過料（交通税）としての費用が必要であったことを示しているといえよう。

湖辺の堅田は、中世に入って湖上交通の拠点として発展するが、すでに平安時代後期にその機能を持ちあわせていたことが注目される。湖上交通は、中世以降南北ルートだけでなく、東西のルートも開けいっそう活発な展開を呈する。

庄園（古代・中世における貴族・寺社の私的な領有地、のち秀吉の太閤検地により廃止）の設置によって、年貢をはじめとする貢献物の湖上輸送が拡大した。陸路よりも大量に運送できる湖上が最大限利用されることとなった。湖上の物資輸送の増加とともに人々の往来も盛んになったのである。

軍事的には、建武三年（一三三六）建武の新政に反旗をひるがえした足利尊

湖上を行く丸子船　室町時代の『近江名所図』展風部分（滋賀県立近代美術館蔵）

氏を追って、義良親王・北畠顕家《あきいえ》は大軍を引いて志那・山田・矢橋（いずれも草津市）の港から対岸の坂本へ渡る。のち将軍足利義視も坂本から山田港へ渡っている。

そして、湖上を軍事的に最大限利用したのは戦国時代の織田信長であった。信長は、船をもつ湖辺のそれぞれの港を重要視したが、とくに天正元年（一五七三）琵琶湖で最大の船、いわゆる船長約五四メートル、横約一二・六メートル、櫓を百挺立ての船を造り、松原浦（彦根市）から湖上を坂本まで走らせ、京都へと入っている。(20)

そのほか、室町時代の文明五年（一四七三）には、前関白一条兼良が美濃（岐阜県）行きのとき大津・坂本・堅田・八坂（彦根市）の各港を経て朝妻（米原町）で下船し東山道を利用。また、公家で文化人の山科言継《ときつぐ》は往路も湖上を利用し、帰路も朝妻から船で坂本へ航行している。言継の日記によればそのときの湖上の船旅の所要時間は、およそ十三時間であったことがわかる。このように多くの人たちが、船を利用して湖上を往還し、記録を残しているが、当時としていまだ「琵琶湖」という呼称は生まれていなかった。

近世においては、物資輸送・地場産業の振興によって、東西ルートを中心に南北ルートが発達し、琵琶湖の沿岸には多くの港が発展した。ちなみに、前述の古代の港以外のおもな港として今津・海津（マキノ町）・木津《こづ》（新旭町）・大溝（高島町）・北小松（志賀町）・北比良（同上）・堅田・坂本・松本（大津市）・八幡舟木（近江八幡市）・江頭（同上）・常楽寺（安土町）・八坂《はっさか》（彦根市）・薩摩（彦根市）・柳川（同上）・松原（同上）・米原・長浜・早崎（びわ町）尾上《おのえ》（湖北町）などがあった。これらの港は諸物資の輸送にあったが、なかには輸送をめぐって各港間で争論がたびたび発生したのである。

この物資運搬を担った琵琶湖独特の木造和船が、丸子船である。丸船・丸木船・丸太船などとも書かれたが、前述の古代の丸木舟との技術的な系譜関係はわかっていない。近世の丸子船は、軸先のヘイタ構造と、舷側に取り付けられたオモギを大きな特徴としている。ヘイタ構造は、シンと呼ばれる軸先に向かって、斜めにした板を矧ぎ接いで軸先を構成する形態で、小型和船のヒラタ船にもこれが使われている。オモギは、舷側上部に取り付けられた、丸太を半分にした大きな材のことで、荷物を積載した時の、喫水線（船体が水中に入る分界線）にあたる。丸子船は、日本海などで使われていた弁財船と異なり、船体の幅が狭いことから、オモギを取り付けることで、船体の安定を図ったと考えられる。総じて、海洋の船舶と構造を異にする和船が琵琶湖で使われていたのも、おそらく海と淡水による浮力の差が大きな障害となっていたのかもしれない。

そして、船数については江戸時代中期の享保年間（一七一六～三六）では、五七四〇艘（物資輸送用の丸子船数一三三九艘・湖辺の近距離に用いられた船底の平らな艜船《ひらた》）を数えていた。[21] 当時湖上にはこのように膨大な船が往来していたことがうかがえる。

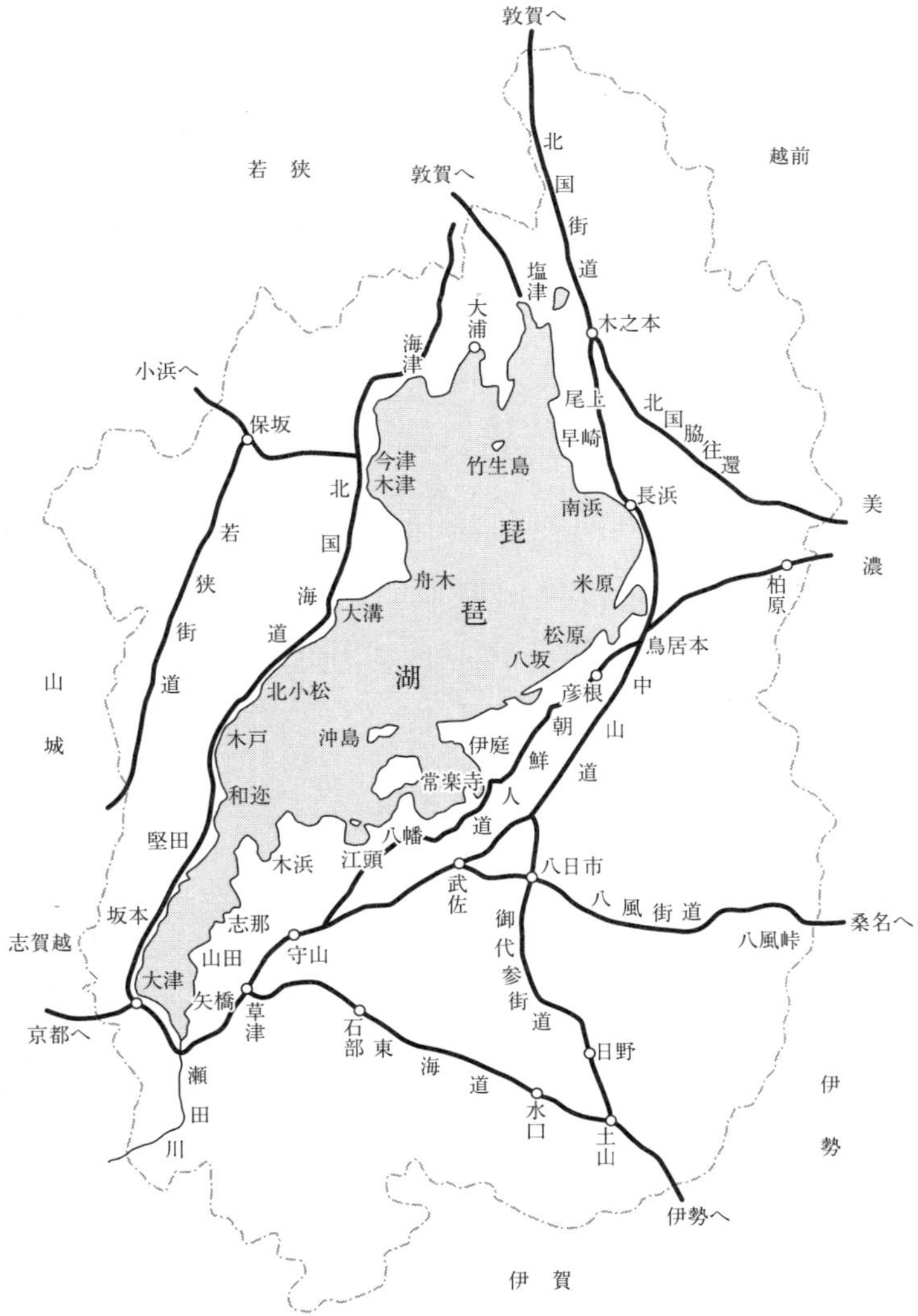
敦賀へ
越前
若狭
敦賀へ
北国街道
塩津
大浦
木之本
海津
小浜へ
保坂
尾上
早崎
北国脇往還
今津
木津
竹生島
長浜
美濃
北国海道
南浜
若狭街道
琵琶湖
舟木
米原
柏原
大溝
松原
鳥居本
八坂
山城
北小松
彦根
中山道
木戸
沖島
伊庭
朝鮮人道
常楽寺
和迩
堅田
八幡
木浜
江頭
武佐
八日市
八風街道
坂本
志那
御代参街道
桑名へ
志賀越
守山
八風峠
山田
大津
矢橋
草津
京都へ
石部
東海道
日野
瀬田川
水口
伊勢
土山
伊勢へ
伊賀

近世のおもな港と街道

第三章

湖の守護神弁才天

弁才天の登場

いままでは琵琶湖や近江国が、古代においてどのように呼ばれ、そして湖はいつごろから人々と深いつながりをもつようになったかを中心に、事例をあげて略述してきた。琵琶湖は丸木舟による人々の往還（交通）や、『万葉集』をはじめとする文字作品にたびたび登場していることが多いのに、なぜか琵琶湖の呼称にまでは至っていない。ここでは琵琶湖の呼称の由来につながる文献資料を中心について述べてみよう。

琵琶湖の呼称を推測させるに充分な文献がはじめて登場したのは、一四世紀初頭であった。いわゆる鎌倉時代から南北朝時代前期にあたる。いまからおよそ六七〇年ほど前であろう。それは奈良時代の近江大津宮遷都や『万葉集』などから比べて、およそ七世紀もくだってからのことである。

それは応長元年（一三一一）から貞和三年（一三四七）の間に比叡山延暦寺の天台僧で学僧で知られる光宗によって編述された『渓嵐拾葉集』であった。[22]『同書』は、光宗《こうそう》（一二七四～一三四七）が、日本天台の顕教《けんきょう》（言語文字で明らかにとき示された釈尊の教え）密教《みっきょう》（印契《いんげい》を結び真言《しんごん》を唱え、仏の姿を観じて仏と一体化する道を説く教え）法門などに関する作法口伝・記録故事を自らが筆記収録したものであった。『同書』から本稿に関連する主要な部分を少し長いが次に掲げてみよう。

問。以二湖海一為二弁才天浄土証拠一如何、答。法華経ニ云フ。東北方ニ少国有リ。大乗流布ノ国也。其中ニ有二湖海一。又有二霊島一。弁才天ノ所在也。可レ知。竹生島是生身ノ弁才天也ト云々。又五大院錍ノ文ニ云。江州ニ有二霊島一。生身ノ弁才天坐マス。叡山ノ仏法可二繁昌一。相州有二霊島一。生身ノ弁才天坐マス。鎌倉ノ仏法可二繁昌一。義伝。如二比等ノ文理ノ一。湖海ト者是弁才天ノ浄土ナル事。深ク可レ思レ之。
尋云。湖海是弁才天ノ三摩耶形ナル方如何。答。凡水海ノ形ハ琵琶ノ相貌也。（下略）

とある。この文脈を略述すると湖（琵琶湖）をもって弁才天の浄土（住まいする清浄な国土）である。その証拠は何かという問に対して、答えとして教典の一つである「法華経」にかかれているのには、比叡山から東北側の少国（近江）は大乗仏教（自利中心の小乗仏教から利他の立場をとる仏教で日本は大乗仏教）が広まっているところである。その国の湖の中に霊島（竹生島）があり、ここに弁才天が所在する。竹生島の弁才天は生身（菩薩が衆生済度のために父母に託して生まれた肉身・真実）の弁才天である。また、五大院の碑の文によれば、近江には生身の弁才天が所在する霊島があり、比叡山の仏法が繁昌するように守護している。相模国《さがみの》（神奈川県）にも霊島（江ノ島）があり、生身の弁才天が所在する。そして湖とは弁才天の浄土であることを深く思うべきである。湖はまさに弁才天の三摩耶形《さんまや》（持ち物・象徴）の琵琶であるというが、それはどういうことかに対する答えとして、およそ湖の形状は弁才天のもつ和楽器の「琵琶の形」をしているということである。

琵琶は弦楽器の一種で、「びわのこと」ともよばれていた。形式については後述するが西アジアが起源で古代に中国大陸から日本に伝来し、雅楽《ががく》および盲僧の音楽に用いられた。平曲さらに近世琵琶楽（薩摩琵琶と筑前琵琶）の主奏楽器となる。四弦・四柱＝曲頸茄子《なす》型胴の琵琶が主体となっている。最古（奈良時代）の琵琶の現物は、奈良の正倉院に伝在する。

『渓嵐拾葉集』の文言によって、琵琶湖は弁才天の住するところであり、その弁才天は湖上に浮かぶ霊島竹生島に所在している。そして湖の形状が、弁才天の手にもつ和楽器の琵琶の形をしていることを、ここにはじめて明らかにしている。すなわち、『同書』によって湖の呼称由来を考える要因に、湖が弁才天の存在があること、弁才天のもっている琵琶の形をした湖であることをはっきりと示しているといえるだろう。

しかし、湖が「琵琶湖」の名称として確定されるのは、それから二〇〇年も年代がくだってからである。湖が琵琶の形に似ている琵琶楽器説に対し、吉田金彦氏は、「ビワ（仮名はビハ）の地名は、古くからその他の地方にもあり、地形が湾曲し、水辺があり、湿原があるところはそのようによばれている。琵琶湖もその所が多いから、土地の住人の頭にそんな意識が潜在していた」「貝のことはビワといい、（中略）貝を採る所というアイヌ語に大本《おおもと》の語源を認め

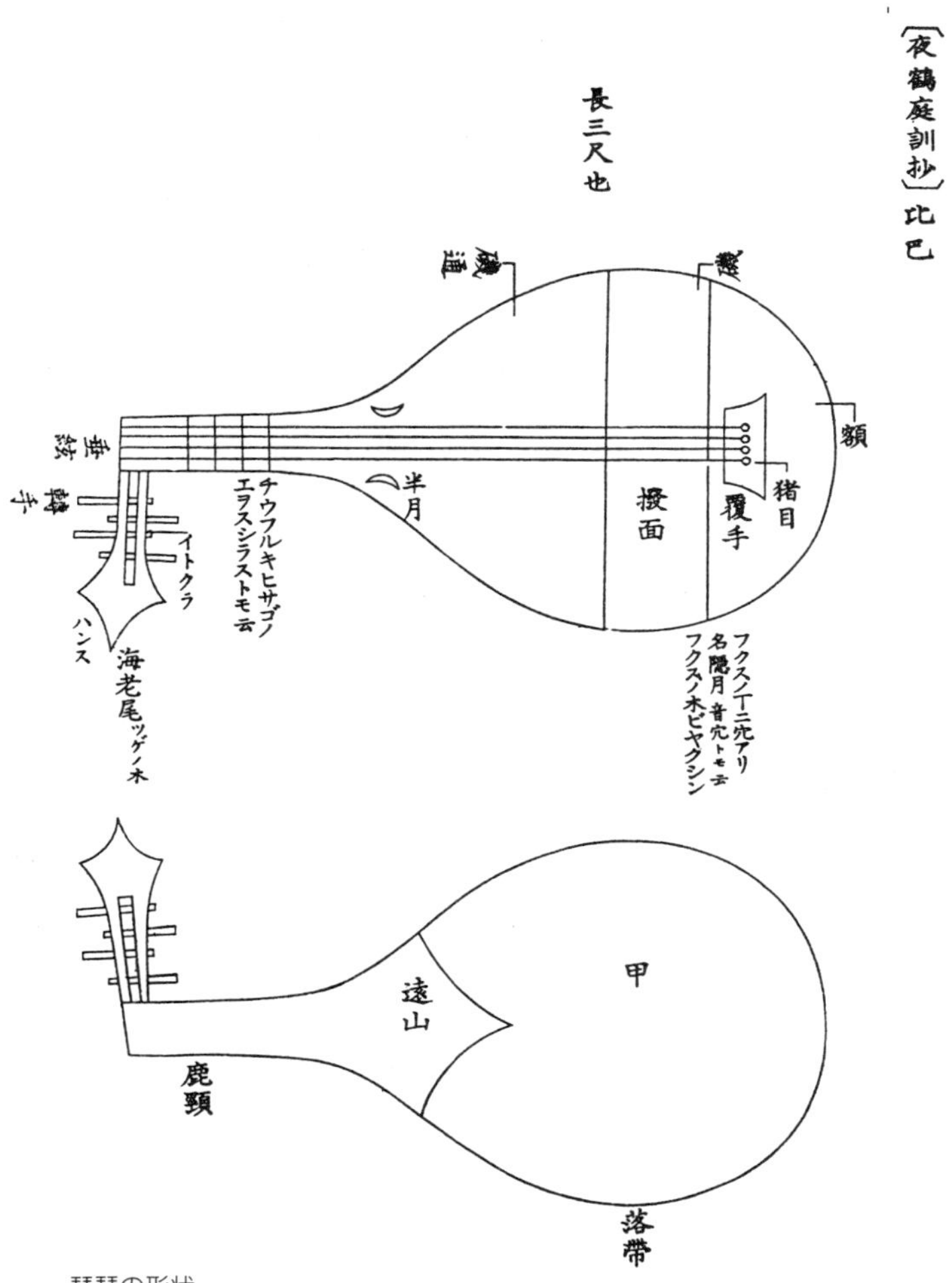
〔夜鶴庭訓抄〕比巴
長三尺也
額
猪目
覆手
撥面
フクスノ丁二穴アリ
名隠月 音穴トモ云
フクスノ木ビヤクシン
半月
チウフルキヒサゴノ
エヲスシラストモ云
轉手
イトクラ
ハンス
海老尾ツゲノ木
甲
遠山
鹿頸
落帯

琵琶の形状

ることができる」と述べられている。[23] また、琵琶湖は全体的に長方形・楕円形をしており、日本語で楕円形を表現する言葉は「ビワ」であり、湖は枇杷の実のような形から名付けられたという説もある。[24]

ところで『渓嵐拾葉集』ができたときからおよそ一〇〇年後の室町時代の応永二十一年（一四一四）に大勧進普文が撰述した「竹生島縁起」には、前述の『渓嵐拾葉集』の竹生島は弁才天が所在し、比叡山の仏法を守護することなどをはじめとして数多く引用している。それ以外に「同縁起」には次ぎのようなことが記されている。

比叡山に入った最澄が、建造物として延暦七年（七八八）三月最初に一乗止観院（のちの根本中堂）を建立したとき、堂舎の乾《いぬい》（北西）の方面に大弁才天女が忽然と現われ、「私は、湖上に浮かぶ霊島（竹生島）に住んで、比叡山の仏法を守護することを誓った」と語る。また、平安時代の貞観二年（八六〇）最澄の高弟円仁（慈覚大師）が、比叡山に文殊堂を建立したときも、弁才天女が堂の丑寅（北東）の方面を鎮護すると誓約した。そこで円仁は、弟子の真静を竹生島へ派遣して竹生島の建造物を改築し、自ら刻んだ弁才天像を安置するようになったとある。

『同縁起』と『渓嵐拾葉集』の二つの記載から推測できることは、竹生島は比叡山の天台僧たちの仏法修行の聖地であり、竹生島の島主である弁才天がそれを守護するという関係にあった。それ故に比叡山延暦寺を開いた最澄、そのあとを継いだ円仁が比叡山に堂舎を創建するときには、いずれも湖を浄土にしている竹生島の弁才天が、それを守護するという天台仏教の発展に重要な役割を果たしてきたことがうかがえる。その意味においても弁才天と湖とのつながりを解明することが、琵琶湖の呼称由来を考えるキーワードになると考えてもよいだろう。

弁才天とは

弁才天は、仏教の種類からいえば天部に属する。天部は如来・菩薩・明王に次いでランクされる仏教の守護神にあたる。仏教成立以前からインドで信仰されていたヒンドゥー教の神々が、のちに仏教に取り入れられたものである。天部では弁才天のほかに毘沙門天・吉祥天・摩利支天・大黒天・伎芸天・訶梨帝《かりてい》母《ぼ》（鬼子母神《きしぼじん》）・歓喜天などが含まれている。そのなかで日本で最も広く信仰を集めたのは弁才天と吉祥天であり、いずれも豊麗な美しい女神として、親しまれ信仰されている。

弁才天の語源は、古代インドの言語であるサンスクリット語（梵語）で、サラスヴァティ（Sarasasvati）、音字にして薩羅婆縛底・縒羅莎縛底と漢訳したものである。大弁才天女・妙音天・美音天などとも訳されている。後述するが、

インドの女神サラスヴァティー石彫立像（『ヒンドゥー教の神々』より）

のちに弁才天は福徳財宝神としての性格が強調されて俗に弁財天の字を用いる場合もある。

サラスヴァティーは、もともとインド神話に登場する河の名前であった。インドでは、多くの川を神聖視しているが、なかでも広く崇拝されたのは、ヒマラヤに水源をもつガンガー河とその支流ヤムナー河とサラスヴァティー河の三大聖河である。[25] これらの河は次第に優美さときらめき流れる河の美しさ、そして河の水が人々に与えてくれる無限の恩恵に対する感謝から、これらの河は次第に神格化され、それぞれ美しい「女神」の名称で表されてきた。[24] その代表的なものが、サラスヴァティーの女神である。サラスヴァティーは、のち言葉の神であるヴァーチと結びつき学問・叡智・音楽の女神ともなったといわれている。

サラスヴァティーは、インド最古の宗教書のヒンドゥー教の聖典『リグ・ヴェーダ(Rgveta)』や、紀元前五世紀のヤースカの語源解説書『ニルクタ(Nirukta)』には、水を有する河であるとともに神（水神）であると記している。[26]

ところで、インドの女神サラスヴァティーは、インドにおいて早くに造像化され、ほかの女神像と同じように石造彫刻されたのである。弁才天の像容は、後述するように経典にもとずいて大きく二つの形態に分かれる。すなわち八本の臂をもつ八臂像（多臂像）と右と左の臂をもつ二臂像である。二臂像の場合は、手に楽器の琵琶をもっている像が多い。インドにおいてはサラスヴァティー像の顕著な例として、スンダラヴァル出土のサラスヴァティー石彫像（年代不詳）やアッラーハーバード博物館・ニューデリー国立博物館にもその石彫像が保存されている。[27]

スンダラヴァル出土のサラスバアティー像は、写真でもわかるように全体像として肉感的で、少し体をひねって、左手にヴィーナ（琵琶によく似た楽器）を持ち、右手を曲げて楽器を弾奏する形態をとっている。このヴィーナの楽器は、撥面《ばちめん》が細長く、現在日本で使用される四弦曲頚の琵琶の形状とは少し異なるが、音を奏でる音楽の女神であることをみごとに象徴しているといえるだろう。それは芸術（学芸）全般を司る形を象徴しているように考えられる。また、この像容からも前述のように弁才天は妙音天とよばれているように、水の神らしく川のやさしさ、せせらぎの音を発するようなことが、自然とイメージされる像を表出させている。

インドにおける弁才天の造像についてのべたが、のち弁才天は中国大陸に入る。中国では五世紀初頭の初訳の経典「金光明経《こんこうみょうきょう》」があるが、その中では弁才天は四天王・吉祥天とともに護法神として出自している。「金光明経」にもとづいて行われた法会においては、道場に弁才天・四天王が配されたともいわれている。[28] また、より具体的に弁才天像が見られるのは教典よりも随分年代が下るが、後唐に続く後普の天福八年（九四三）在銘のフランスのギメ美術館所蔵の「千手観音像」がある。これには千手観音像の周辺に多くの像が描かれているが、その一つに弁才天女像が描かれ、その像横に「大辨才天」の傍記をみることができる。

弁才天は、前述のようにインドから中国へ、そして日本へは奈良時代の五五二年ごろの仏教伝来とともに入ってきたと考えられる。弁才天の伝播に大きな役割を果たしたのは記するまでもなく仏教経典であった。すなわち、「金光明経」のなかで、奈良時代の護国教典として重要視された「金光明最勝王経」と、平安時代初期に中国から請来された密教経典の一つ「大日経」（大毘盧遮那成仏神変加持経）がある。

前者の「金光明最勝王経」のなかに護法神として弁才天が大きく取りあげられている。「同経」のなかの第一五品に「大弁才天女品」である。ここでは大弁才天女が教典を説きあらゆる疾病の苦・闘争・戦陣・悪夢・災害などといった諸悪の根源や障難をなすものをすべて除滅させ、延命・増益することなどを明らかにしている。[29] さらに弁才天は音楽の神としても記されている。また、「同経」の「序品」でも諸尊の代表とし弁才天の名が列せられている。そして、「同経」の第三十品の「大弁才天女讃嘆品」にも、天女の代表者として弁才天名を讃嘆しているのである。

この「金光明最勝王経」に書かれた弁才天像は、前にも少しふれたが八臂像である。つねに八臂を持って自らを荘厳、そしてく各々の手に弓・箭《せん》（矢）・刀・長杵《ちょうしょ》・斧《おの》・鉄輪・そく（矛）・羂索《けんさく》（ひも）などをもち、いずれも武器から転じた持物をもっていることを記している。八臂像は、戦闘女神としての性格を表出させているといえよう。弁才天は水神とともに戦う女神として、のち仏教の守護神として摂取されたのであろう。

後者の密教教典の「大日経」は、大日如来を説く密教を主とする。その巻の第一に弁才天、その異称として妙音天の名称も出ている。「大日経」の注釈書「大毘盧遮那成《びるしゃなじょう》仏経疏《ぶっきょうそ》」の巻五にも妙音楽天・弁才天・美音天の名称をみることができる。

経典以外に密教絵画がある。大日如来を教主とする密教絵画の代表的なものは、「大日経」に基づいた密教の理念を具体的に図像化されたのが曼荼羅《まんだら》である。曼荼羅は、インドの古代言語サンスクリット語のMAN DA RAを漢字で音訳したもので、曼荼は「心髄・本質」。羅は「得る」の義で、悟りの境地を感得したのが曼荼羅である。(30) いわゆる如来・菩薩・天部などの仏像が集まった一つの世界を曼荼羅ともいっている。曼荼羅は、大同元年（八〇六）に唐から帰国した空海（弘法大師）によって最初に日本にもたらされたのである。いわゆるインドで誕生した曼荼羅は、中国に入り、中国の長安青龍寺恵果から空海が請来したのであった。

曼荼羅には、教典「金剛頂経」を原典にした九グループから構成された金剛界曼荼羅と、「大日経」にもとづいて描かれた胎蔵界《だいぞうかい》曼荼羅のおもに二つの種類がある。両方を合わせて両界曼荼羅ともよばれている。弁才天が登場するの

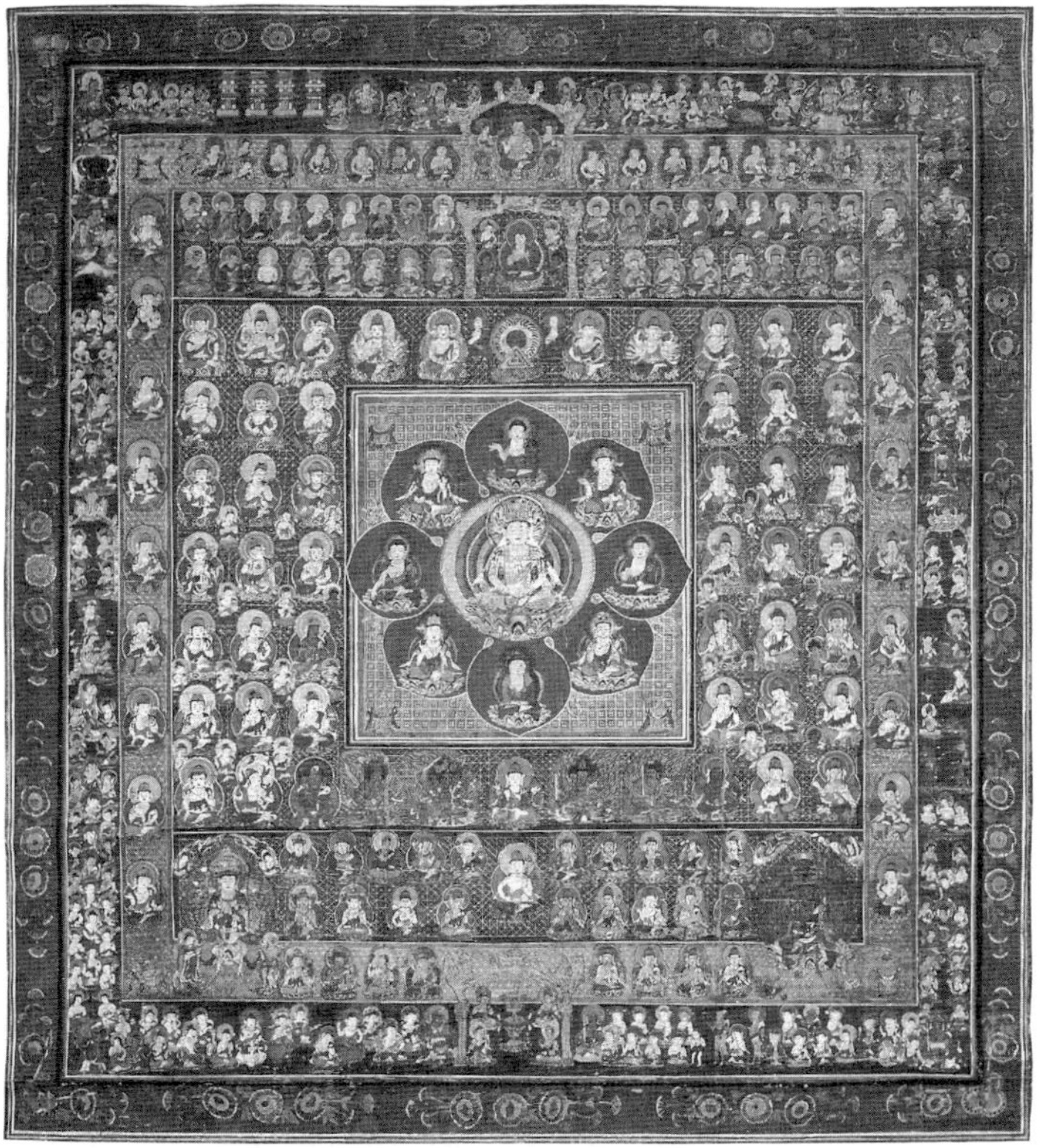

両界曼荼羅図胎蔵界　室町時代に制作された優品。縦181㎝、横138.5㎝（円福院蔵・大津市歴史博物館提供）

は胎蔵界曼荼羅である。

胎蔵界曼荼羅は、大悲胎蔵生曼荼羅ともよばれ、生をえた胎児が母胎の中で育まれ、すこやかに成長していくように、人間の心が清浄な菩提心に目覚めて、悟りの世界に導かれていく展開図といわれている。この胎蔵界曼荼羅にはじめて二臂の弁才天像が登場するのである。この曼荼羅は、大日如来を中心に配した「中台八葉院《ちゅうだいはちよういん》」（八葉の蓮華の花が満開に咲きその上に仏たちを描く）を中央に置き、中央の悟りの世界から四方に広がっていく、それぞれ境地を如来・菩薩・明王・天といった多くの仏像の姿をかりて表現したものである。外周にあたる最外院《さいげいん》には、一二の方位に配される十二天をはじめ、古代インド神話から仏教に取り入れられた弁才天像をはじめとするおよそ二〇〇にのぼる諸尊が描かれている。胎蔵界曼荼羅の最外院の諸尊は、仏教を保護するものとしてみることができる。

曼荼羅の最外院の下方に描かれている弁才天像は、「二臂《にひ》琵琶弾奏」の形態をした坐像である。弁才天像のうちで妙音天・美音天といったいわゆる音楽神および知恵の神としての性格を強く表出させている。このように弁才天像が描

胎蔵界弁才天像（『大正新修大蔵経』図像部より）

かれた胎蔵界曼荼羅は、九世紀の著名な京都の東寺(教王護国寺)の現存の彩色の最高傑作といわれている国宝指定の両界曼荼羅(伝真言院曼荼羅)をはじめとして、年代はくだるが天台系・真言系の寺院においてみることができるのである。

弁才天像について教典や、曼荼羅に現されたその原初的形態をみてきた。いっぽう図像として現存はしていないが、記録として奈良時代の『正倉院文書』の天平勝宝五年(七五三)三月廿一日「写書解」によれば、造東大寺司写経所で二十二人という多くの画工が大弁才天像を描いたことが知られる。また、平安時代末期の「別尊雑記」には、「竹生島弁才天、三井寺法輪院本也」と、傍記を付した八臂弁才天をみることができる。

そして、奈良時代の弁才天の現存最古として、東大寺法華堂(三月堂)の厨子の中には塑像《そぞう》吉祥天立像とともに損傷部分が激しいが八臂の塑像弁才天立像(像高二一一九センチ)がある。[31] 塑像の製法は木心をつくり藁《わら》などを巻きつけ、これに粘土をつけて像の形をつくる方法のことをいう。その像容は、経典の「金光明最勝王経」にもとづいた八臂像と考えられる。

鎌倉時代の絹本著色阿弥陀二十五菩薩来迎図（新知恩院蔵・大津市歴史博物館提供）

また、曼荼羅ではないが、めずらしい板絵がある。平安時代の天暦五年（九五一）に建立された、京都の醍醐寺五重塔（国宝）の初重壁画の蓮子窓羽目板には、弁才天の二臂琵琶弾奏像が描かれている。

さらに、藤原頼通が父道長のために平安時代の天喜元年（一〇五三）建立した宇治平等院鳳凰堂の壁扉画（国宝）には、阿弥陀如来が多くの奏楽の聖衆《しょうじゅ》を率いて、往生者のもとへ迎接のため来迎するさまが描かれている。そのなかで如来の横に大きく琵琶をもつ菩薩をみることができる。さらに十三世紀の京都知恩院の「阿弥陀二十五菩薩来迎図」（国宝）をはじめ、多くの聖衆来迎図にも同様の菩薩が描かれている。

このように長い歴史をもつ弁才天は、河の流れる妙《た》えなる音いわゆる妙音から発して、音楽（芸術）や弁才（言語・知恵）を司る神でもあった。そして、弁才天は前掲した『渓嵐拾葉集』に「凡弁才天者水神也、龍神是水大精霊也」と記されているように水神でもある。弁才天は水を司る神として、また水神や龍神ともよばれている。現在も川や池のそばや池の中島などにまつられている場合が多い。なかでもその芸術的な存在として、琵琶をもつ弁才天が創出されたといってもよいだろう。

弁才天は、東洋の和楽器の琵琶を手にする水の神として、妙音天・美音天そして福徳財宝の神として弁財天の字があてられるなど、多面的な機能をもつ神として広く信仰を集めたのである。年代がくだるが室町時代以降には弁才天は大黒天・恵美須（蛭子）・毘沙門天・福禄寿・布袋《ほてい》・寿老人らとともに七福神の一つに数えられ、延命・福貴といった現世利益祈願の対象となった。とくに江戸時代には弁才天は、福を授ける神として庶民信仰の代表的なものとしてみられていった。

湖上に浮かぶ竹生島

琵琶湖は弁才天の住するところとされているが、なかでも弁才天が所在すると伝える湖上に浮かぶ竹生島は、どのような島であるのかについて略述してみよう。

緑樹影沈んで　魚木《うおき》にのぼる景色あり
月海上に浮かんでは　兎も波を走るか　面白の島の気色や

これは室町時代にできた謡曲の「所は湖の上、所は湖の上、国は近江の江に近き（中略）浦を隔てて行くほどに、竹生島もみえたりや」からはじまる著名な「竹生島」の一節であるが、竹生島の景観をうまく表現されている。竹生島を遠望すると、まるでマリモを湖上に浮かべたようだ。竹生島は、琵琶湖の北湖に浮かぶ美しい島である。面積は〇・一四平方キロメートルで、周囲わずか二キロメートルの小さな島。島全体が常緑樹に覆われ、湖底から石英班岩が湖上にまっすぐ棒状に突き出た形状をなし、周囲は切り立った断崖の様相を呈している。

島の南側には笈岩・屏風岩・笠岩・富士岩・盗賊岩などとよばれる特異な形をした岩が屹立し、島の東側には屏風岩やそそり立った岩礁というべき小島がある。小島は湖面より約一七メートルの高さがあるという。かつては竹生島と小島には、島をつなぐためにしめ縄がかけ渡されていた。また、島の北側には「行者の霊屈」とよばれる神秘な洞穴がある。島の中でも特別の場所を示すかのように入口にしめ縄が張られ、洞穴の奥へ約一五メートル進むと行場があるといわれている。船で近くに寄ったときボコボコという音を洞穴から聞こえてきたことをいまもはっきりと記憶がある。島の西北側には、弁才天の名にちなんだ弁天浜とよばれる小さな浜があるだけである。そして竹生島は神が斎く島・聖なる島として、古来から湖に生きる人々はじめとして多くの人々から畏敬の念をもってみられてきたのである。

さて、「近江国風土記」逸文には、夷服岳（伊吹山）の多多美比古神が、姪にあたる浅井岳の浅井比呼神と高さを競争し、負けた多多美比呼神の首を落としたところ、首が湖に落ちて竹生島ができたという。承平元年（九三一）の「竹生島縁起」によれば、首が湖に沈むとき、都布都布と音を立てたので「都布夫島」との名がついたという。また、最初に竹が生えたので「竹生島」とも言われている。

承平の「同縁起」では、奈良時代の天平十年（七三八）に行基《ぎょうき》菩薩が竹生島に渡島し、ここで霊夢を感じて草庵を結び修行を積む。そして高さ二尺（約六・六センチ）の四天王像を造立し小堂を建立してそれを安置したことにはじまる。その十一年後の天平勝宝元年（七四九）には奈良元興寺僧泰平と東大寺僧賢円が渡島し、行基の聖跡において修行を行ったとある。これからも竹生島は、当時南都（奈良）諸大寺の僧たちの苦修練行の霊場であったことがうかがえる。

平安時代に入ると、今度は南都にかわり天台宗の僧が次々と竹生島に渡り修行を行ったのである。すなわち貞観二年（八六〇）比叡山延暦寺僧真静が渡島して以降、天台修験の行場となった。竹生島で修行を積んだ結果「知弁の称天

西方からみた竹生島（松井麻理子氏提供）

下に流る」（同縁起）と語られるほど、学僧としてすぐれた頭脳と弁説の才能を高めるための修行でもあったのであろう。

また、「同縁起」によれば、行基が立てた小堂については、天平勝宝四年（七五二）近江浅井郡の人で国造の田次丸によって三間の仏堂に改築され、翌年に浅井郡の大領浅井直馬養が金色の観世音菩薩像が造立されたとある。これがのちの竹生島観音の発端となった。

平安時代末期に園城寺（三井寺）行尊が記した『観音霊場三十三所巡礼記』には、竹生島の観音像について「十七番　竹生島　等身千手・近江浅井郡　願主行基菩薩」とある。そして室町時代に入って、庶民のあいだで次第に観音巡礼の風習が高まると、竹生島の千手観音は西国三十三所観音霊場の第三十番札所となった。西国霊場の札所のなかで唯一島に所在する。竹生島宝厳寺《ほうごんじ》の御詠歌はよく知られている「月も日も湖面に浮かぶ竹生島　船に宝を積む心ちして」である。竹生島は後述する弁才天の島であるとともに、観音信仰の島として著名となったのである。

それはともかく、弁才天については、宝厳寺文書によれば、奈良時代に聖武天皇が竹生島に行幸し、十七日の参籠をとげたとき、行基菩薩が勅命で弁才天護摩雨乞の法をしたところ、弁才天女の体現を得たと記されている。すでに述べたように応永二十一年（一四一四）の「竹生島縁起」では、弁才天が湖中の霊島竹生島に住んで、比叡山の仏法を守護することを誓ったとある。竹生島については、由緒の深さを象徴するかのように平安時代の承平元年と室町時代の応永二十一年につくられた二つの『竹生島縁起』がある。

そして、竹生島弁才天について最も古くて明確な資料として、平安時代末期の漢学者・歌人として著名な大江匡房《ただふさ》（一〇四一～一一一一）の談話を収録した『江談抄』の中に文人貴族として知られた都良香《みやこのよしか》（八三四～七九）の詩の注訳がある。それによると都良香が晩夏の一日竹生島で清遊した。島の眺望のすばらしさに心澄みわたり、感興にまかせて作詩を試みた。そのとき「三千世界眼前尽」まで詠じ、句の後半の案出に苦慮していると、島主の弁才天が「十二因縁心裏空」と下の句を告げ教えたという。ここでも竹生島の弁才天が出現したことを示している。

竹生島の島主は、平安時代の承平元年の「竹生島縁起」では、もともとの島の祭神で産土神の浅井姫命のことであるが、平安時代末期の『江談抄』では弁才天が登場し、室町時代の応永二十一年の「竹生島縁起」でも弁才天が大きく取りあげられている。これだけの資料だけで断言できないが、竹生島において島主として従来の島主であった浅井姫命とともに弁才天をまつりあげたのは平安末期といってよいだろう。

鎌倉時代の建久三年（一一九二）九月の文書には、竹生島について「件《くだん》の島は弁才天垂跡の霊地」とある。竹生島は平安時代から比叡山延暦寺僧の修行の霊場になったことから、島主が産土神の浅井姫命から仏教の弁才天に導入されたものと考えられる。そして「垂迹」いわゆる神仏習合への道を歩むことになったことを物語っている。

応永二十一年の「竹生島縁起」には

凡そ神代より聖代まで、大弁才天の奇瑞に勝けて計ふべからず。今、是の大神は弁才天女にして、釈迦如来の垂跡なり

とある。島の主神は弁才天とし、その本地仏《ほんじぶつ》（神が衆生済度のため姿をかえてあらわれた垂跡に対して、その本源の仏・菩薩）は、釈迦如来であることを表

記している。中世以降竹生島はこのように天台教学にもとづいた神仏混合（習合）の島となったのである。このように竹生島における祭神が、時代を経て大きく変化したことを物語っているといえよう。

ところで、竹生島には、弁才天信仰に関する重要な行事として蓮華会《れんげえ》がある。蓮華会は、湖北の人々と深いかかわりをもつ伝統を有した行事で、現在も毎年八月十五日（かつては六月十五日）に行われている。

竹生島の蓮華会は、弁才天を本尊とする仏教の雨乞い行事であるとともに、竹生島にもともと鎮座する島主浅井姫神の神仏習合の祭礼であった。すなわち行事は、中世以降、弁才天信仰と結びついて仏教行事となっているが、本来は、竹生島周辺の人々の水をめぐる農耕儀礼でもあった。蓮華会の名称は、経典の「妙法蓮華経」を講讃し、神仏に供花として蓮華を献じたことによるといわれている。

ちなみに、応永二十八年（一四二一）の文書によれば、蓮華会は円融院（九六七一～八四）のころ、全国的に大旱魃《かんばつ》となり比叡山延暦寺中興の祖良源《りょうげん》（慈恵大師・元三大師）が、雨乞を祈願のときに弁才天の霊夢をこうむり、竹生島において舞楽を奏して弁才天に供養したところ雨が降ったとある。それ以降、湖北の人々は、蓮華会を通して弁才天に田植えのあとの降雨を祈願してきたものと考えられる。

現在でも蓮華会では、湖北の人々から毎年二組の頭人が選ばれ、その家に厨子に入った弁才天立像が安置される。頭人宅では毎日弁才天に水や供物を献じてまつられる。八月十五日になると、頭人宅から関係者がともに湖上を船で竹生島に弁才天を還御するのである。

かつては頭人の船は多くの伴船をしたがえ、管弦を奏しつつ竹生島への華麗な船渡御が行われていた。中世や近世における華やかな船渡御の様相は、大和文華館・東京国立博物館所蔵の「竹生島祭礼絵図」によってのみ知ることができる。

そして、中世・近世においては選ばれた頭人たちは新たに弁才天像を造立し、竹生島へ奉納をしていた。その弁才天像は、琵琶をもつ二臂像のものでなく、木造の八臂像で宇賀神は頭部が老人の顔、身体が白蛇であらわされ、弁才天の髪に巻きついてとぐろをなす形態をしている。稲の神である宇賀神と白蛇が水神を象徴し、それが弁才天と結びついたことを示しているといえよう。いわゆる機能的に弁才天と宇賀神と合体した宇賀弁才天像の部類にはいる。中世以降の弁才天を考える場合、宇賀神との係りも深い。宇賀神は、『日本書紀』や『古事記』にも登場するほど古く、稲霊（穀物、食物神）、倉稲魂命（宇迦之御魂神）と音が通じるところから宇賀になったともいう。そして宇賀は蛇形に変じ蛇神・龍神そして水神ともつながり福徳神としての性格を有するようになったといわれている。

竹生島宝厳寺の弁天堂の須弥壇《しゅみだん》上や後陣には、かつて頭人から奉納された弁才天坐像が数多く安置されている。そのなかで墨書のある最古の像は、永禄八年（一五六五）の年紀をもつ像高一四五センチの木造八臂の弁才天坐像であるが、この像が最も大きい。このほか同九年・慶長十年（一六〇五）・同十四年・同十八年・同十九年・元和三（一六一七）をはじめ寛永・明暦・正徳・天保・明治といった各年紀のある弁才天像が全部で十五体保存されている。[32]いずれの弁才天坐像も、頭上に宇賀神をのせた木造八臂像の形態をとっている。もちろん弁天堂の本尊は弁才天坐像である。

それはともかく、竹生島は古代に続いて中世に入ると、ますます弁才天の霊島、そして西国三十三所観音霊場としての竹生島への参詣が盛んになった。なかでも著名なものは、『平家物語』巻七に登場する琵琶の名手平経正の竹生島詣である。

すなわち、木曽（源）義仲の挙兵を聞きつけた平家の大軍は、これを討伐するために琵琶湖の西岸を通って越前（福井県）に向かうとき、同行中の一人で詩歌管弦に秀でた平経正《つねまさ》（平清盛の弟経盛の子）は、竹生島と指呼《しこ》の間にある海津（マキノ町）から家臣五、六人を連れて小舟に乗って竹生島に渡り、弁才天にこれからの戦勝を祈願した。このあたりについて『平家物語』では

経正、明神（弁才天）の御まへについぬ給ひつつ、夫大弁徳天（弁才天）は、往古の如来（中略）弁才妙音二天の名は格別なりといえ共、本地一躰にして衆生を済度し給ふ。一度参詣の輩は、所願成就円満すると承はる。たのもしうこそ候とて、しばらく法施（いいことが期待できそうだ）まいらせ給うに（下略）

とある。

南北朝時代の絹本著色弁才天像（竹生島宝厳寺蔵・長浜城歴史博物館提供）

やがて夕方となり月が出て湖上を照覆ったとき、琵琶の名手である平経正を知る竹生島の住僧が、経正に琵琶の弾奏を所望すると、経正は琵琶をもち「上玄石上」という秘曲を弾奏すると、島主の弁才天がそれに感応し、白龍となって経正の袖の上に現れ、経正うれしさの余り涙を流しながら歌を詠んだとある。これは本題にもかかわる音楽の神であり、妙音天ともよばれる琵琶をもつ弁才天像の伝承を、見事に表現した物語といえるだろう。文化十一年（一八一四）刊行の『近江名所図会』には、「経正竹生島詣」として経正が岩の上に座して琵琶を弾奏し、その眼前に龍（弁才天）が描かれている。そして都久夫須麻神社では、毎年六月十四日平経正が琵琶を奉納したことにちなんで龍神祭（経正祭）が行われている。

また、鎌倉時代の説語物語の『古今著聞集《ここんちょもんしゅう》』には、比叡山の僧たちが稚児を連れて竹生島へ参詣したことが記されている。そして戦国時代には、武将たちも競って竹生島へ参詣、あるいは全国に知られ、霊験をもつ弁才天の所在する竹生島を味方につけるべく優遇処置の文書をたびたび発給している。たとえば、元亀元年（一五七〇）越前の戦国大名朝倉義景は宿願の竹生島参詣をなし

経正竹生島詣。これについてはよく知られ、江戸時代後期の図会に浮画として登場、琵琶を弾奏する経正、眼前に龍神、月を配するなど情景がよく描かれている（『近江名所図会』より）

とげたので、源頼朝伝来の名刀を竹生島に奉納し、竹生島住僧に国家安全・子孫繁栄を祈った。織田信長も渡島しているが、そのほか足利尊氏、足利義詮、足利義教、足利義勝、足利義政、浅井長政、豊臣秀吉などといった戦国時代を代表する著名な武将の文書が保存されている。いずれも竹生島への厚い保護ぶりがうかがえる。

ところで、湖上に浮かぶ竹生島は、いったん火災が発生すると避けることができず全山焼亡の被害にあった。鎌倉時代の貞永元年（一二三二）には坊舎三十有余が灰塵に帰し、正中二年（一三二五）大地震のときには多くの堂舎が傾壊した。早速再興のための「勧進帳」が出されたが、修復の第一の建造物には、島主をまつる弁才天堂と等身の千手観音像を安置する観音堂の各一棟があげられている。当時からこの二棟が、当然ながら多くの信仰を集めている中心的な建造物であることを物語っている。

大地震のあとは室町時代の享徳三年（一四五四）、さらに永禄元年（一五五八）にも相次ぐ火災で竹生島は焼失を重ねている。とくに永禄元年の再興のときには、ときの江北の武将浅井久政・長政の父子が銭三千疋を寄進しているが、戦国時代という世相を反映してか勧進ははかどらなかった。しかし、そののち湖北の領主となった羽柴（のちの豊臣）秀吉をはじめとするその他の武将が復興に尽力した。天正四年（一五七六）から同十六年にかけての「竹生島奉加帳」には、羽柴秀吉・秀吉の妻・侍女など毎年数多くの奉加（寄進）が行われていたことを示している。(33)

慶長七年（一六〇二）には、豊臣秀吉の子豊臣秀頼が片桐市正且元を奉行として、弁才天堂（現在の都久夫須麻神社の本殿）を改造し、伏見城の遺構を伝える豪華な建物を移築し、旧殿とみごとに組み合わせて神社本殿を完成させている。国宝に指定されている総桧皮葺入母屋造の本殿は、前後の軒に唐破風、周囲に庇をめぐらした独特の建造物である。本殿内部には、桃山時代を代表する狩野光信（一五六四〜一六〇八）の彩色の襖絵や、折上格天井の六〇からなる格間に、四季にわたるさまざまな花卉・草木が極彩色で華麗に描かれている。また、内部の柱・床・長押などには、黒漆地に花鳥のみごとな蒔絵をみることができる。

都久夫須麻神社からめずらしい船廊下（重要文化財）を渡ると、本尊千手観音像を安置する観音堂（重要文化財）がある。その入口部分には、豪華な国宝指定の唐門一棟があるが、これも片桐且元が奉行となり、京都の豊国廟にあった建造物を移築したといわれている。唐門の正面向きの唐破風の柱間が一つ、屋根は桧皮葺である。唐門の唐破風の内部・蟇股・欄間などは、桃山時代絵画の立体化そのままの華やかさを誇っている。

このように京都からはなれたはるか湖上の竹生島に、華麗な桃山建築の粋を集めた建造物が二棟も移築されたのは、古代からの霊島としての竹生島への信仰ぶりの一端を垣間みる思いがする。そしてさらに七福神の一つに数えられた弁才天信仰は、全国に伝播し、鎌倉の江の島、安芸の宮島に竹生島弁才天が勧請され、日本三弁才天とよばれている。もちろん全国の弁才天信仰の根源は竹生島であった。

江戸時代に入っても、時の為政者は竹生島への保護を継承している。ちなみに慶長十八年（一六一三）徳川家康、元和三年（一六一七）二代将軍秀忠、寛永十三年（一六三六）には三代将軍家光も、それぞれ竹生島宝厳寺に対して同じように朱印状を発給。しかし、三百石の寺領が幕府から保証されても、かつ

独特の構造をみせる都久夫須麻神社の本殿（国宝）

て竹生島内に存在していた二十有余の塔頭（支院）の経営も困難となり、次第に塔頭も減少し江戸時代後期には、たったの四院を数えるにすぎなかったといわれている。

そのために不時の災害によって堂舎の修復や再建などに経費がとくに必要とするときは、寺宝を竹生島から外に出して展覧する出開帳が行われたのである。記録によれば江戸時代の元禄十年（一六九七）四月八日から六月三十日までの出開帳をはじめとして、たびたび行われた。ちなみに文化十五年（一八一八）の京都の真如堂における出開帳には、竹生島のシンボルともいえる弁才天像と千手観音像など四六点が出品されている。開帳はおよそ五年から七年間の間隔で一回の出開帳には三五日から六〇日間の期日を設けて、江戸・摂津（大坂）・京都などを中心に開催された。その回数は江戸時代だけでも一〇回にのぼっている。竹生島が湖上にあり、簡単には渡島できない当時には、おそらく、出開帳によって身近に拝観することができ大変な賑わいを見せていたことと考えられる。

多くの信仰を集めた竹生島への渡島の道筋は幾通りもあった。そのなかで本道といわれたのは早崎港（びわ町）からのコースである。江戸時代には鳥居本（彦根市）から中山道と分岐した北国街道を北上し、米原・長浜を過ぎ曽根村（びわ町）で西に折れ、富田村（びわ町）を経て、天明六年（一七八六）建立の竹生島第一の鳥居をくぐり早崎（びわ町）へ。ここから船に乗り竹生島へ向かうのが参詣道の本道であった。その玄関口にあたる早崎村には、江戸時代には参詣人が宿泊する宿が数軒も存在していた。

明治時代以降は、曽根を経て北国街道を北上し、高時川にかかる馬渡橋《もうたり》（湖北町）を渡り西へ折れ早崎港へ向う。馬渡橋の北詰に「右竹生嶋本道　早崎港迄弐拾五丁」と刻まれた立派な石造道標が建っている。早崎港のほか北国街道速水（湖北町）から尾上の集落に通じる尾上港（湖北町）、湖西側の塩津・海津・今津・木津（新旭町）などからのコースもあった。なかでも木津《こづ》は、第二十九番観音霊場札所の舞鶴市の松尾寺を経た巡礼は、九里半街道（若狭街道）を経由して木津港をめざした。江戸時代の安永年間（一七七二～八一）には年間七〇〇〇人余りが竹生島へ渡島したという。渡島できない巡礼は、木津港から竹生島に向かってさい銭を湖に投げて次の札所をめざしたといわれている。

二十有余年前の琵琶湖総合開発工事のとき、旧木津港から江戸時代の古銭が多数発見されたという。現在では今津港・彦根港・長浜港から定期船がある。

竹生島は、明治維新を迎えて大きく揺れた。いわゆる「神仏分離令（廃仏毀釈）」の発布であった。いままで述べてきたように竹生島は、神仏習合（混合）として古代から発展してきたところであるために、よりその打撃が大きかった。宝厳寺は、まさに危急存亡にかかわる重大な局面に直面したのである。滋賀県においては、歴史を反映して神仏集合のところが多く各地で混乱が生じているが、竹生島は大津市坂本の日吉社と並ぶほどであった。

明治四年（一八七一）二月、大津県庁はいままでの竹生島弁才天社を以後、平安時代の『延喜式』の「神名帳」の記載に即して都久夫須麻神社と改称するように命じた。これにともない宝厳寺は、神宮寺として歴史に終止符をうち神道から離れることになった。当時竹生島には弁才天社・観音堂以外に宝厳寺の塔頭として妙覚院・月定院・一乗院・常行院の四院だけが存在していた。県庁の裁定にともない、かつての浅井姫神を祭神とする常行院が都久夫須麻神社の祭事をとり行ない、神社改称によって弁才天像は弁才天社を出て一時観音堂そ

北国街道の馬渡橋（湖北町）の北詰にある竹生島への道を示す道標（寿福　滋）

して妙覚院へ移ることとなった。[34] これによって竹生島の神仏分離は終了したのであった。現在の宝厳寺弁才天堂は昭和十二年に造営されたものである。いずれにしても、琵琶湖に浮かぶ竹生島は、小さな島ではあるが近江の歴史と文化に大きな役割を果たしてきたといえるだろう。

弁才天と琵琶弾奏

弁才天への信仰は、年代が経るにしたがって隆盛をみた。それを反映して全国において弁才天像の造像や絵画化が多くつくられるようになった。弁才天像にはすでに述べたように、手に弓・矢・刀などをもった八臂像（多臂像）と二臂像の二つの種類に分けることができる。ここでは本稿とも関係深い琵琶をもつ二臂の琵琶弾奏像の弁才天像を中心に略述してみよう。

弁才天の二臂琵琶弾奏像は、鎌倉時代からその造立が行われるようになった。その端緒となったのは、公卿の西園寺《さいおんじ》公経《きんつね》（一一七一～一二四四）である。公経は、平安時代後期の公卿藤原公実《きんざね》の三男通季《みちすえ》の曾孫で、琵琶・能・和歌などにも精通していた文化人であった。公経は承久二年（一二二〇）神祇伯仲資王の有する京都の北山と、自らの家領であった尾張国松枝庄（愛知県）と土地を交換して、北山第と西園寺という寺院を造営した。[35] それ以降西園寺公経は西園寺殿、あるいは北山殿とよぶようになったという。それが西園寺という家名の起こりとなった。寺院の西園寺は本堂・妙音堂・不動堂などを有した大規模な寺地であった。

その北山の寺地に建立した妙音堂には、弁才天像の異称でもある妙音天像がまつられたのである。この像については、『教言卿記』によれば、琵琶と琴の奥義を極め私堂を妙音院と称されているその名手藤原師長（一一三八～九二）が、承久二年に尾張国から持ってきたとある。

妙音堂は、北山の地にのち室町幕府足利義満の鹿苑寺（金閣寺）造立のためその地を去ることとなり、その後盛衰ののち明和八年（一七七一）西園寺公晃らが京都上京区の西園寺邸内に妙音堂を再建した。明治初年の神仏分離に際し、祭神弁才妙音天と市杵島姫神をまつる白雲神社と改称したといわれている。そして、かつて西園寺邸内の白雲神社は、現在も京都御苑の中にあるが、藤原師長が持ってきたという鎌倉時代の弁才天にあたる妙音天像がまつられているといわれている。白雲神社には、江戸時代のものと思われる実物の琵琶や、琵琶

白雲神社（京都御苑）に奉納された琵琶

をもつ弁才天像の画幅・絵馬などが奉納され、妙音堂の系譜を色濃く残している。また、京都御苑には、もと九條家邸跡の九条池の島中に弁財天を祭神とする厳島神社がある。

ところが、幸いなことに京都の仁和寺には、かつて西園寺家に伝来していた妙音天像の転写本として、室町時代の応永十四年（一四〇七）に公家山科教言が、画家土佐行広に描かせたという絹本著色妙音天像が伝えられている。[36] これから考えてみると妙音天像は、造像なのか絵像なのかはわからないが、「転写本」とあるところから絵像かもわからない。

この像は、大きな蓮の葉の上に条帛と天衣を着つけた妙音天が坐して、大きな琵琶をやや平行にしてもち弾奏しているみごとな二臂弾奏像（七六・三センチ×四〇・八センチ）である。そして、坐像の上に大きな字で「南無帰命頂礼三宝　妙音大天」と書いた讃をみることができる。この像は、前述した胎蔵界曼荼羅や図像弁才天にみることができる弁才天の二臂琵琶弾奏像に非常に近いと考えられる。

室町時代前期の政治・社会・思想などについて豊富な内容をもつ日記の『看

白雲神社

聞御記』には、宮中において時々妙音天の法会が開催されていたことを記している。ちなみに『同記』の応永二十三年（一四一六）七月十八日の条に「妙音天像累代本尊奉懸有法楽　平調楽五　殊更有之」、同月二十四日の条に「奉懸妙音天像　西園寺ニ伝像」とある。前者の妙音天法会には代々本尊として妙音天像をまつり、琵琶を奏して法要したことを示し、後者は法会に用いられた妙音天像が、西園寺伝来のことであることが明記していることは興味深い。それとともに宮中における妙音天への信仰の一端を裏付けているといってもよい。仁和寺蔵の妙音天坐像は、転写本であるが原形として西園寺家の妙音天像が最も古く、この形態がそれ以降の弁才天像の見本となったといえるだろう。とくに後述の絵画の世界でその影響が最も大きいといわなければならない。

いっぽう、木造のほうでは西園寺家の妙音天像と同じように鎌倉時代の二臂琵琶弾奏像が登場する。その一躯は神奈川県鎌倉市の鶴岡八幡宮蔵の木造弁才天坐像（像高九五・七センチ）である。本像の右足地付部にある刻銘によれば、鎌倉時代の文永三年（一二六六）九月、鶴岡八幡宮の楽人である中原光氏が、弁才天を造立し音楽神として、同宮の舞楽院にまつってあったことを知ること

絹本著色妙音天像（仁和寺蔵）

ができる。

本像は、いままで見てきた弁才天像とは異なり、まったくの裸形で布を腰の部分に下布をまとうだけで、頭部は菩薩形の髻を結い琵琶を弾奏している形態をとっているが、足を大きくくずす特異な姿といえる。像容は大まかであるが、いままでの二臂琵琶弾奏の系譜を引く弁才天像である。このめずらしい裸形系に属する像として、少し年代がくだるが、神奈川県の江島神社に木造妙音弁才天像もある。(37)

また、日本を代表する鎌倉時代の木造弁才天坐像として、著名な大阪府南河内郡河南町の高貴寺蔵の弁才天坐像（重要文化財・像高四四・三センチ）がある。この像は、両肩にまで頭部で結びあげた髪を垂らし、大袖衣の上に裲襠衣《がいとう》（上から着るもの）をまとい、琵琶の一方を右膝の上に置き、左手で持ちあげているという二臂琵琶弾奏像である。本像の頭部内に弁才天の所依《しょえ》の経典である「金光明最勝王経」や人名などの墨書がみられ、それにもとづいて弁才天像が彫刻されたことを裏付けているといえよう。そして本像の像容は、その後の木造弁才天像の主流をなす形態となったのである。

絹本著色妙音天像（静嘉堂文庫美術館蔵）

ところで、鎌倉時代以降絵画化された弁才天像は、先述の仁和寺蔵の絹本著色妙音天像の形態を色濃く残している。なかでも、その後の年代の絵画として著名なものは、東京都の静嘉堂《せいかどう》文庫美術館蔵の絹本著色弁才天像（一五六・一センチ×五九・七七センチ）である。本像は鎌倉時代後期から南北朝時代にかけてつくられた優品で、国の重要文化財に指定されている。

この弁才天像は、写真でもわかるように水上に突出した岩盤の上で、琵琶をかかえるようにして、右手で弾奏する像である。截金《きりかね》（切金）の一重の円光を負い、天女系の正装で両足を軽く前に出したいわゆる遊戯《ゆうぎ》坐像の形態をとる。そして正面の右下に弁才天を仰ぎみるように水中から姿を現す竜神が描かれているのが興味深い。

この静嘉堂文庫は、弁才天のもつ水の神と音楽の神としての特性を見事に表現した画幅であるといえるだろう。この画幅をみていると、製作者はおそらく満々と水をたたえた琵琶湖に浮かぶ、霊島の竹生島の弁才天を描いたのではないかと考えられるほど情況がうまく表現され、雰囲気のある作品といっても過言ではない。それ以外にも和歌山県の宝城院には、南北朝時代の絹本著色弁才

絹本著色弁才天像（宝厳寺蔵・長浜城歴史博物館提供）

天図がある。図柄は、先の静嘉堂文庫と同じく、水上に突き出た岩上に坐する二臂琵琶弾奏像である。

それはともかく、日本の弁才天信仰の本拠地というべき竹生島には、造像として宝厳寺弁天堂に先述した室町時代の永禄八年（一五六五）の墨書銘をもつ、木造弁才天坐像をはじめ数多く弁才天像が安置されている。さすが弁才天信仰の本貫地であることを証明しているといえよう。しかし、宝厳寺蔵の木造の弁才天像は、いずれも八臂像である。絵画としては三幅の絹本著色弁才天像が保存されている。

まず一幅目は、八臂像で中央に弁才天像を大きく取り囲む円相を描き、その像の下には稲積の上にとぐろを巻く白蛇いわゆる宇賀神を配し、弁才天像の左右には、その配下の十五童子が描かれている。南北朝時代の作品といわれ、滋賀県指定文化財である。（一〇五ページ）

二・三幅目は、ともに先述した妙音天像いわゆる静嘉堂文庫に属する二臂琵琶弾奏像の絹本著色弁才天像である。二幅目は室町時代の作品で、弁才天像の画幅としては坐像の多いなかめずらしい立像の形態をとる。冠をつけ二重の截

都久夫須麻神社の木造弁才天坐像

金の円相を配し、厳しい表情の弁才天像である。とくに注目されるのは、手にもつ琵琶の捍撥絵《かんばちが》（琵琶の撥があたる部分に貼られた皮の上に描かれた絵）には、枇杷を描いていることである。

そして三幅目の弁才天坐像の絵画（口絵写真）は、水上に突き出した岩盤の上に坐し、冠をつけた弁才天が、四弦の琵琶を弾奏した形態である。これは二幅目も同様だが、おそらく前述の静嘉堂文庫に準じて、江戸時代にそれを模して描かれたのではないかと考えられる。また、竹生島の都久夫須麻神社の本殿前横にある祠には、江戸時代の造立と考えられる二臂琵琶弾奏の木造弁才天坐像がまつられている。

第四章

湖の地形と琵琶

湖中の島々

琵琶湖には、四つの島があることはあまり知られていない。もちろんこれだけあるのは、日本の湖の中で琵琶湖だけである。

四つの島は沖島・竹生島・多景《たけ》島・白石島のことである。このほか水面に出ない水没島とよばれる島が、安曇川河口から東北東二キロメートルの地点にあり、湖底から八〇メートルの高さをもっている。頂上部の水深わずか二四メートルといわれている。ここで前述の竹生島を除いた三つの島について略述してみよう。

沖島

沖島は、琵琶湖の中央部の東岸（長命寺山・奥津島山）よりに位置し、通称「沖の島」ともよばれている。面積は一・五平方キロメートル、島の周囲一二キロメートルで、琵琶湖最大の島である。全島は竹生島と同じ石英班岩からなり、島には頭山（標高一三〇メートル）と尾山（標高二二〇メートル）があり、山の斜面が湖岸までせまり両山のくびれたせまい平地のところに人家が集中している。

奈良時代の『万葉集』に「淡海の海　沖つ島山奥まけて　わが思う妹が言の繁けく」の歌があるが、沖つ島山は長命寺山続きの奥津島山をさすのか諸説があるが、沖島の山のことだろう。沖島には、長命寺町の奥津島神社と同名の和銅五年（七一三）創建という奥津島神社がある。

伝承によれば、近江佐々木氏系の源満仲の家臣南源三郎以下七人の開拓によるという。資料的には、室町時代の寛正四年（一四六三）、応仁二年（一四六八）の文書に「沖島」が登場する。とくに応仁二年には、山門（比叡山延暦寺）と堅田蓮如教団との確執によって、山門による堅田大責が行われたとき、「順風ナレバ、帆ヲアゲテ、沖の島ニ落チニケリ」（本福寺文書）とあるように堅田の多くの人々が船で沖島に避難、二年後に堅田へ帰住している。

また、天文三年（一五三四）の記録によると兵糧（軍事用）米・材木・馬・

琵琶湖に浮かぶ沖島の全景（中島省三）

塩などの輸送に、沖島の船・船頭・人夫などが従事しており、湖上交通の拠点でもあったことがわかる。戦国時代において各武将が、地形上重要な地点を占める沖島を保護している。江戸時代に入っても、徳川家康は沖島に対し禁制を下しており、前代からの湖上の要所として、島を重要視していたことを物語っている。

江戸時代の享保十九年（一七四三）の『近江輿地志略』には、沖島について「湖中の一島也、東西三町余漁人多く此に住み、其島の石を取り之を売る」とあり、また文化十一年（一八一四）の『近江名所図会』にも「沖津島ともいへり、沖に有り、人家百五十軒」とある。

沖島の石は、江戸時代からも知られているが、とくに明治に入って東海道線・琵琶湖疏水・南郷洗堰などの土木工事に利用された。現在も島の西側には、かつて石切の石の破片を無数にみることができる。そして、沖島の現在の戸数一五〇軒余り、人口七〇〇人有余を数えているが、湖で漁業する漁民とその家族が大部分を占める。人口数は数百年の間大きな変動もなく、島で永住されていることは、日本の淡水湖はもちろんのこと、世界の湖の中でも類例が少なく学術的にも注目されているといわれている。

ところで、沖島の西側は、「セトウラ」とよばれ東側のおだやかさに比べ風景が一変し波もあり、湖が雄大でしかも奥深く見えることを実感する。それは陸地から見る琵琶湖とはまったく異なった景観を見せている。ある日沖島から夕景をみた。西の空が茜色に前面に染まり、眼前に湖を控へ、西方には横に長い比良山系の稜線がはっきりと浮かびあがり、まさに一幅の絵画をみているようで強烈な印象をもっている。沖島の夕景はすばらしく筆ではつくせないほどだ。このように琵琶湖は、いたるところで四季を通じて私たちに「美」を演出してくれる。

多景島

多景島は、彦根市八坂町の北西およそ六・五キロメートルの湖上にあり、周囲わずか六〇〇メートルの小島である。

島は竹生島・沖島と同じように石英班岩で棒状に湖上に突き出たように浮かぶ。竹生島と同様に周囲は絶壁である。かつては竹薮が多かったために竹島と

多景島

も呼ばれていた。ちなみに室町時代の応永二十一年（一四一四）の「竹生島縁起」には竹島、さらに『信長公記』にも竹島の表記がされている。

江戸時代の明暦元年（一六五五）、日蓮宗の日請が、高さ九メートルの石塔に「南無妙法蓮華経」と刻み、見塔寺を建立した。さらに島には、明治維新時の五箇条の誓文を刻んだ「誓の御柱」が建てられている。

昭和五十七年（一九八二）の湖底発掘調査では、湖底からの遺物の検出から縄文、弥生の時代から人々が多景島に何らかの関係をもったことが確認される。平安時代から出土遺物が増加し、人々の島への関心が高まったことがうかがわれる。(38) また、室町時代の懸仏《かけぼとけ》（木の円板に金属が仏像を彫刻してつるすようにしたもの）も発見され、当時多景島にはそれにふさわしい寺院があったことが推測される。

白石島

多景島から西五キロメートルにあり、琵琶湖のほぼ中央に位置する。通称「沖の白石」とよばれている。その名称についてもともと岩山であるとか、水鳥の糞で岩山が全体的に白くなり、それによってその名前がつけられたともいう。前述の『近江輿地志略』には「白石・立石、ともに湖中の中、舟木（安曇川町）より一里東にある。水上に屹立す、常に顕れあり」とある。樹木はいっさい生えていない。

安曇川河口の沖合いに浮かぶ怪奇な岩礁、他の島と同じように石英斑岩である。高さ約一六メートルの岩を中心に四つの岩が集まっている。見る方向によって三つに、あるいは一つに見えるので「お化け石」ともいわれている。琵琶湖の東西のほぼ真中にあるために、湖を航行する人たちの格好の目印となっている。この白石島の付近が、琵琶湖のなかでは最深部にあたる。数年前白石島の約三〇メートルほど近くまで行くことはできたが静かにみえる湖面でもこのあたりは波も荒く、とても白石島にもっと接近することはむつかしかった。

このように湖に浮かぶ各島について略述したが、その島名については、十四世紀初頭の『渓嵐拾葉集』に、楽器の琵琶の形状に合わせてそれぞれ登場している。いずれもそれが竹生島をのぞいて各島にとって最も早い資料といってもよい。

白石島（沖の白石）。怪奇な岩礁を形成する島、見方によって島の形状が異なる。この付近が琵琶湖の中で最も深いところにあたる（著者撮影）

琵琶の形状と湖

琵琶湖の呼称を考えるうえで、湖上に浮かぶ竹生島、そしてその島主である弁才天の存在が、呼称要因に大きな役割を果してきたことについては前述のとおりである。

弁才天の像容については、すでに述べたようにまったく形態の異なる八臂像（多臂像）と二臂像が存在する。琵琶湖の呼称由来につながるのは、二臂像いわゆる二臂琵琶弾奏像の方である。この二臂琵琶弾奏像は、湖の水神であるとともに、弁才天は妙音天の異称があるように音を奏でる琵琶の存在が、呼称を考えるうえで重要な要因になると考えられる。

湖が琵琶の形に似ていることについては、すでに十四世紀初頭に編述された『渓嵐拾葉集』に登場していることについては述べた。しかし、楽器の琵琶が、

鎌倉時代の琵琶（彦根城博物館蔵）

自然に形成された琵琶湖の形態とが、どのように似ているのだろうかについてのべてみよう。

琵琶の形と湖の形態が似ていると記した最も古い記録は、前述した『渓嵐拾葉集』である。『同書』には次ぎのように記されている。少し長いが引用してみよう。

所以ニ竹生島ハ覆手也。十羅刹ノ島ハ此撥也。弁ノ岩室ハ陰月也。竹生島ト興二白石一半月也。沖島ハ遠山也。熱（瀬）田ハ鹿頚也。其ヨリ下タ至二テ于海一半月也。宇治ノ大渡等ノ橋ハ転手也。至レ海者海老ノ尾也。此等皆弁才天ノ三摩耶形妙音天ノ全体也。故ニ琵琶ニ有二三曲一。是則弁才天ノ三昧摩耶本尊一身習ノ也。深可レ思レ之。口伝有レ之云。

とある。

この大意は、竹生島は楽器の四弦を張り固定させる「覆手」という琵琶の重要な部分に相当する。十羅刹いわゆる本島の竹生島の配下にあたる小島は、先述したように竹生島の東のところで直近に位置し、これが琵琶を弾奏する「撥」にあたる。竹生島の東北にある行者場の洞穴ともいわれる岩室は、琵琶の表板

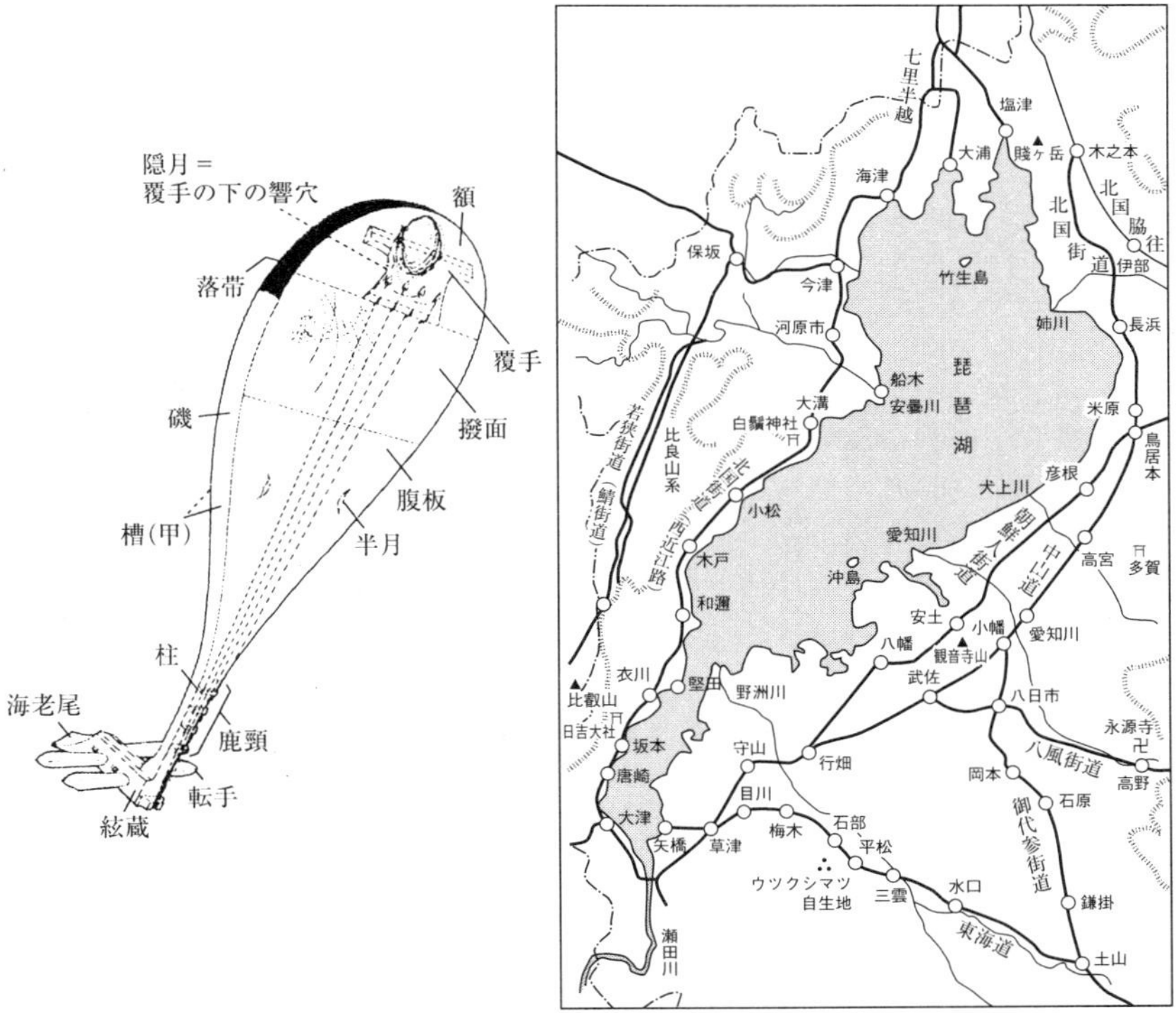

「琵琶」の名称と琵琶湖の対比

下方にある隋円形の穴、いわゆる「陰月」に相当する。

そして、竹生島と琵琶湖のほぼ中央部に浮かぶ沖の白石（白石島）は、琵琶の胴体部にあたる「半月」、いわゆる琵琶の弦月の形をした響孔である。沖の白石より南東側の湖上に浮かぶ沖島を「遠山」とする。湖から唯一の流出口にあたる瀬田川の細くなったところを、「鹿頚」（鹿頭）に模している。

やがて瀬田川をくだり、湖水は宇治川・淀川と名前を替えて大阪湾に注いでいるが、それを「半月」とする。そして宇治川に架かる橋（宇治橋）は、琵琶の頭部を後に曲げ弦の糸を巻きつける「転手」にあたる。大阪湾の海にあたるところが、琵琶の棹の上端の海老のようになっていることから「海老ノ尾」としている。

これらは、弁才天の持物である妙音天（琵琶）のすべてである。このように楽器の琵琶を北湖の竹生島を頭部いわゆる琵琶の中心部に置いた状態で説明していることがわかる。琵琶の基本的な各部の名称と自然発生的に形成された湖の形状とが、こじつけているところが少しあるにつけ、それにしても自然的な地形とうまく合致させている。偶然とはいえ驚異に値するといっても過言ではない。

十四世紀初頭に琵琶湖が、楽器琵琶の形状に酷似していることによって呼称が由来することについては記述した。しかし、どうして湖が琵琶の形に似ているといえるのだろうか。現在のように飛行機やヘリコプターのように、上空から湖を眺望することがまったくできないとき故にまったく不思議であり、大きな疑問が残るのである。

それは後述するように『渓嵐拾葉集』の編述をした天台僧光宗の卓越した観相力と洞察力によるといわなければならない。また、管見の限り楽器の琵琶とは関係なしに、湖の形についての説は前述したとうりであるが、くわしく記述された資料は不詳である。

ここで、湖の形状について推測していくうえで、間接的ではあるが関係があると考えられるのは、琵琶湖を取りまく山々と、『同書』の編者光宗の思想観によるものではないだろうかと考えられる。

琵琶湖は、日本最大の湖といえどもすでにふれたように滋賀県の面積の六分の一にすぎない。その大部分は山地が占めている。その意味からいえば、滋賀県は湖の国であるとともに「山の国」であるといえるだろう。

典型的な盆地である滋賀県には、周囲を比叡・比良・野坂・伊吹・鈴鹿・笠置・田上・音羽・長等の各山系が取り囲む。そのうえ湖と山なみの間には荒神山・繖山《きぬがさやま》・三上山・長命寺山・箕作山《みつくり》などの独立した山が存在し、湖と相まって滋賀県の独特の景観を見せている。それらの山のもつ文化的特性についてはみるべきものがある。

ところで、前記の山の頂上あるいは中腹からは、琵琶湖が広大でしかも南北約六三キロメートルという細長いために、湖の全体像をはっきりと眺望することはできない。しかし、部分的ではあるが、これらの周辺の山からは、琵琶湖を必ず眺めることができる。そのなかで比較的湖の大部分が眺望することが可能な山は、実際に山からみて湖に近い比叡山系・比良山系・長命寺山・音羽山をあげることができる。

ちなみに、比叡山の山なみの南からは、南湖全体と一部北湖、北からは南湖の一部と北湖を遠望することができよう。しかし、これだけでは琵琶湖の形態の全貌を知ることは不十分である。

おそらく天台僧光宗は、前述したように湖全体は弁才天の付するところと理解し、そして弁才天のもっている琵琶を思い浮かべながら、周辺の山々を登ったのであろう。その地から湖を眺望し、湖が琵琶の形に似ていることを認識したのではないかと考えられる。光宗は、当時比叡山延暦寺を代表する学僧で、天台密教の研究者、実践者であり、その上比叡山伝統の籠山行《ろうざんぎょう》の復興に尽力した僧であった。それ故に密教に裏付けされた観相も容易であったのかもしれない。

それはともかく、ここで滋賀県の山の特性について若干みてみよう。

前述した滋賀県の山の多くは、古代から農耕生活に不可欠の恵みの「水」を生だしてくれる重要な源であった。そのために地域の人々は、周辺の山に対して自分たちの生活を守ってくれる祖霊《それい》（先祖の霊）が宿り、人為の及ぶところがない異界と受けとめ特別の思いをもっていたのであろう。

そして、祖霊は山の神となり子供を守り、いっぽうでは農耕の豊饒を司る神として、地域の人々に意識されたのである。山のふもとや山が眺められるところに住む、人々の生活が永続性があればあるほど、命の水を生み出す山に対する思いが、大きなウェイトを占めていたといっても過言ではない。

山への素朴な思いは、地域の人々の自然への本質的な観念によって発生したものと考えられる。地域の人々は、滋賀県の山々に対して、ひたすら山を媒体として豊作を祈り、生活の安定を願ってきたのは、自然の理であろう。
山の高低にかかわらず祖霊の籠る山として、祖霊信仰の対象として、みられてきたのである。そしてそれらの山は神奈備山（神が鎮座する山）、神体山あるいは霊山とも呼ばれている。その山のふもとには、弥生時代の生活を示す遺跡や古墳群が存在し、古代の集落発生と密接な相関関係を有しているといってもよい。

このような地域の人々の信仰の対象となっていた滋賀県の山には、奈良時代の南都（奈良）仏教の中にあって、平地仏教にあきたらないで、山間で修行を志向する聖たちが数多く存在した。なかでも役小角《えんのおづぬ》・行基・泰澄《たいちょう》・三修《さんしゅう》などの著名な山岳修行者、いわゆる修験道（山岳信仰に仏教・中国の道教などが融合した庶民仏教）をきわめた人たちが輩出したのであった。

彼らは、すでに地域の人々が祖霊信仰をもって崇められていた霊山に入り、修験の道場として開いていった。たとえば役小角が大吉寺山・霊仙山、泰澄が東山・岩間山、三修が伊吹山、行基が竹生島・荒神山、良弁が阿星山・金勝山

対岸からの比叡山の夕景（寿福　滋）

などがある。それ以外にも聖徳太子開基伝承も多い。彼等によって滋賀県の山は、古代の祖霊信仰と仏教が結びつき、神仏習合の形態を形成しながら発展したのである。

やがて南都仏教に代わって平安時代に入って最澄（伝教大師）・空海（弘法大師）によって、新しい山岳仏教の方向が打ち出された。これはすでに述べた日本固有の山岳信仰を容認する形態となったのである。

ちなみに、霊山の比叡山を仰ぎみて育った最澄（七六六〜八二二）は、出家のあと南都東大寺で戒を受け国家僧となり、近江国分寺の正式の僧となった。しかし、三カ月後に突如として近江国分寺を去り、比叡山に入ったのである。伝記によれば「憒市《かいし》（ひとごみ）の所を出離して、寂静《じゃくじょう》の地を尋ね求め、直ちに叡岳（比叡山）に登り草庵に卜居《ぼっきょ》す」とある。

比叡山は、最澄が入山する前から神が籠る山として知られ、修行者たちの山であった。ここに入って山学山修の道場とした。最澄は、強く「籠山」の実践を打ち出したのは、単に学問だけでなく、無限の自然の感謝と聖《せい》なる山の霊気に身を置くことを願ったのではないかと考えられる。

最澄の山岳仏教によって、奈良時代に行基・役小角・泰澄らの修行者によって開かれた滋賀県の山々は大きな影響を受けたのである。いわゆる最澄の系譜をもつ天台仏教が、滋賀県の各山々に波及し、山の頂上および中腹・山麓などに平安時代に造寺造仏が盛んに行われることになった。それによって滋賀県の山々には、天台仏教文化圏が形成されたことについては現在の史跡がそれを物語っている。また、滋賀県の国指定文化財数が、全国で四番目に多い理由も、平安時代における造寺造仏によるといっても過言ではない。

たとえば、比叡山延暦寺、長等山園城寺、太神山の不動寺（大津市）、阿星山の長寿寺・常楽寺（石部町）、飯道山の飯道寺《はんどうじ》（信楽町）、岩根山の善水寺（甲西町）、岩尾山の息障明王院《そくしょうみょうおういん》（甲西町）、鏡山の西光寺（竜王町）、繖山の観音正寺（安土町）、箕作山の瓦屋寺（八日市市）、長命寺山の長命寺（近江八幡市）、霊仙山の松尾寺（米原町）、己高山の鶏足寺《けいそくじ》（木之本町）、嶽山の長谷寺（高島町）などがある。

このように天台仏教文化が、滋賀県の山々に形成された事実と考えあわせるならば、山は仏の坐す蓬莱山で、前面に広がる琵琶湖は、その苑池であった。

それを象徴的に示すものとして、平安時代後期につくられた『梁塵秘抄《りょうじんひしょう》』にある今様《いまよう》法文歌の一首に

淡海の湖は海ならず　天台薬師の池ぞかし

何ぞの海　常楽我浄の風吹かば　七宝蓮華の波ぞ立つ

とある。まさに琵琶湖全体は単なる湖ではなく、「天台薬師の池」として、天台仏教の慈悲に満ちた清浄が風が吹き湖の静かな波は金・銀・瑠璃《るり》などの美しい蓮の花に認識されていた。湖は浄土の国を象徴しているようであった。そしてそれは『渓嵐拾葉集』に湖は弁才天の住める浄土であると記しているが、それと同義語と理解することができるであろう。

天台僧で博識で知られた光宗は、当然『梁塵秘抄』の一首も知っていたと考えられるし、その上比叡山で修学し、つねに山上から眼下に広がる湖を眺望する機会に恵まれ、そして滋賀県下の山々の天台仏教寺院を巡ったことは容易に想像できよう。光宗の仏教思想に根ざした観想と自らの目によって琵琶湖が仏教守護神の弁才天の湖であり、弁才天のもつ楽器の琵琶に似た湖であることを確認したのではないかと推測されるのである。

第五章

「琵琶湖」の名称登場

文献にみる琵琶湖の呼称

いままでに『渓嵐拾葉集』や「竹生島縁起」には、湖の形態は楽器の琵琶の形に似ていると記載されていることについてはすでに述べた。しかし、琵琶湖という名称は、奈良・平安・鎌倉の各時代において、管見の限りどこにも表記されていなかった。

固有名詞の「琵琶湖」という呼称が、はじめて文献に登場するのは、室町時代後期になってからである。いわゆる十六世紀の初めであった。ちょうど近江にある湖が、古代・中世のはじめにおいて淡海・近淡海あるいは鳰の海・さざなみなどの名称があらわれてから、およそ七〇〇年を経てからのことであった。実在の湖が存在していながら呼称は、ずいぶんと遅れて登場してきたことになる。

管見の限り文献の最も早い例として、室町時代の文明年間（一四六九〜八七）

から明応年間（一四九二〜一五〇一）に活躍した京都の五山（臨済宗の天竜寺・相国寺・建仁寺・東福寺・万寿寺）の詩僧景徐周麟《けいじょしゅうりん》（一四四〇〜一五一六）の漢詩集『翰林葫蘆《かんりんころ》集』であった。周麟はその中の「湖上八景」と題した七言絶句に次のように書いている。

瀟湘《しょうしょう》八幅　其の図案ずるに　長命寺の前　天下に無し　一景新たに添う有《ゆう》
声画《せいが》　袖中に携えて琵琶湖へ去る

とある。この大意を記すと中国の湖南省洞庭湖付近の名勝地を詠んだ瀟湘八景を描いた絵をみて思うのには、長命寺（西国三十三所観音霊場の一つ、長命寺山の頂上近くにある。近江八幡市）の前に広がる琵琶湖の風景があまりにもすぐれているので、新たに湖上八景の一つに加え、その風景を吟じた詩（有声画）を、袖の中に携えて琵琶湖を去ろうというものである。これが固有名詞としての「琵琶湖」の初出だ。

また、周麟は同じ『翰林葫蘆集』の中で、「永正丁卯之秋、寺避京師之乱、寄跡於琵琶湖畔」と記している。すなわち周麟は室町時代の永正四年（一五〇七）秋に、京都で発生した乱を避けて、琵琶湖畔に一時身を寄せていたことを綴っている。

おそらく周麟は、この近江滞在のときにいままでの湖を舞台にした詩歌や文学作品を読んだり、長命寺に登り眼前の風景を七言絶句にしたためたのであろう。周麟は京都の五山文学を代表する相国寺《しょうこくじ》詩僧の横川景三《おうせんけいさん》（一四二九〜九三）に師事をしていた。景三も長く続く京都における応仁の乱を避けて、近江に向かった一人であった。景三は、応仁元年（一四六七）に漢詩集『小補東遊集《しょうほとうゆうしゅう》』を著わしているが、そのなかで「湖上逢故人詩叙」を残している。

それには景三が京都から山中越（志賀越）で坂本に至り、坂本の港から船で東岸にあたる愛知川に向かう途中に、堅田で下船したときに詠んだ漢詩がある。これには

天気快晴　水天一色　前を瞻《み》れば平野万丈の山　後を顧《み》れば比叡三千の院
既に夕陽は西下し　人影は地に在り　雁陣落ちて沙《すな》平か（中略）瀟湘八境
と雖も過ぐる能わず

とある。景三は前にひろがる湖上の風景をみて思わず、中国の名勝地の瀟湘八景といえどもこれ以上のことはないといっている。比叡山や湖上のすぐれた景

色を、中国の瀟湘八景にたとえている点について、景三・周麟といった当時を代表する詩僧の琵琶湖観をうかがうことができる。この瀟湘八景にちなんで、日本の風景鑑賞の原型というべき近江八景が誕生しているがこれについては後述する。

それはともかく、先に述べた景徐周麟の二つの記述から、「琵琶湖」という呼称が約五〇〇年前に、はじめて正式に表記されたことを示している。呼称を考えるうえで重要な記述といえるだろう。湖の呼称の登場は、湖の生い立ちにくらべて、相当年代が下ってからである。そして、前述したように奈良時代以降、多くの文献などに湖の表記がされていたのにもかかわらず、湖名の表記はされていなかったのである。

この二つの漢詩に次いでの琵琶湖の呼称についての資料の登場は、管見の限りずいぶんと年代がくだり江戸時代に入ってからであった。儒学者で古学先生ともよばれた京都の伊藤仁斎（一六二七～一七〇五）が、正保二年（一六四五）の漢詩に「過琵琶湖作」がある。これに続いて著名な儒学者の貝原益軒（一六〇三～一七一四）が、元禄二年（一六八九）に若狭・近江を旅した日記「諸州

めぐり　西北紀行」に琵琶湖の名称をみることができる。これには琵琶湖の有様と楽器琵琶の名称と比較しながら具体的に記されているので、少し長いが引用してみよう。

およそ淡海の海は、瀬田から貝（海）津まで南北廿里、東西の広き所九里あり。今津と佐和山（彦根市）の間、東西最も広し。湖の北の浜は、西は貝津、中は大浦（西浅井町）、東は塩津也。此三津皆湖辺に民家ある所にて、北の山を隔て越前（福井県）に隣せり。

此湖の形はよく琵琶に似たり。堅田より北七里、東西広し。琵琶の腹に似たり。堅田より勢（瀬）田まで四里は、東西狭し、一里の内外あり。たとえば琵琶に鹿首あるが如くせばし。勢田より宇治まで弥せばし。琵琶の海老尾に比し、竹生島を覆手に比すといへり。故に此湖を琵琶湖と云。

とある。益軒は前半部分では湖の全体にわたる地形をより詳細に、後半部分は前述の『渓嵐拾葉集』に準じて綴り、最後に琵琶湖の名称を表記している。また、同じ元禄二年に作成された近江松本村（大津市）原田蔵六の地誌『淡海録』には

湖水を琵琶湖と名ずくハ、竹生島の天女音楽を好み給ふ故、海を琵琶湖と名づく、因て神を妙音天女と名く（第一巻）

天女功徳之事詳は、金光明最勝王経に出、此神音楽を好む故に、妙音天女と曰う（第一〇巻）

とある。『淡海録』では、琵琶湖について竹生島に所在する弁才天（妙音天）の特性と湖の呼称を適格に記している。文中には弁才天が、自らの持ちものである琵琶そのものについてはふれていないが、音楽を好むという表記から十分に推測できる。

さらに、近江の地をこよなく愛した松尾芭蕉は、元禄三年（一六九〇）の俳文「月見賦」に

今年、琵琶湖の月見せんとて、暫く木曽寺（義仲寺）に旅寝して膳所・松本の人々を催し（下略）

とある。芭蕉は、この年三月には門人と唐崎（大津市）の湖上を舟遊びし、有名な「行く春や近江の人と惜しみける」の句を詠む。そして八月には俳文にもあるように、木曽塚で湖南の門人たちと月見の会を開いている。芭蕉は、翌年

義仲寺にある松尾芭蕉の墓

八月十五日の月見の会のあと翌日、琵琶湖上の十六夜の月を賞すべく舟で堅田へ行く。芭蕉は木曽塚の前にひろがるさざなみの琵琶湖を好み、門人に託した自らの遺言の中に「さて骸《から》は木曽塚に送るべし。ここは東西の巷《ちまた》さざなみ清き渚なれば」の文言をみることができる。

元禄十一年（一六九八）刊行の『書言字考節用集』には、「琵琶湖　江州湖水　其形以琵琶（中略）湖海又鳰海、江州十二郡之大湖に跨、一名琵琶湖」とある。また、正徳三年（一七一三）刊行の「和漢三才図会」には

按ずるに、湖は海に似て、其の水は淡く、故に水海と名づく。江州の湖は琵琶に似たる故、琵琶湖と名づく。其の長さは二十四里ばかり。遠州の江湖之につぐ。故に近江と遠江の名を得る。

さらに享保四年（一七一九）の日本と朝鮮国との友好交隣使節団の朝鮮通信使の製述官として随行した申維翰《しんゆうはん》が著した『海遊録』には、

琵琶湖はもともとその形状が琵琶の如きゆえにこの名があり、また、地が近江州に属するをもって一名近江湖ともいう。琵琶湖を俯瞰すれば、浩渺たること際限なく、倭人の言によれば三井寺（大津市園城寺）があり（中

略）琵琶湖畔の峭壁の処にあって国中第一の名勝をなすという

とある。申維翰は、はるばる朝鮮国漢陽（ソウル）から江戸へを往還している。近江の場合その道筋にあたる琵琶湖畔の朝鮮人街道（朝鮮人道）を通っているが、琵琶湖の呼称について的確に表現していることが注目される。湖のことを「近江湖」と表記しているのはこれだけである。この記録から申維翰は琵琶湖が大きな湖であっただけに、その名称由来には興味があったことや、近江に関係する多くの事象について精通していたことをうかがうことができる。

そして、享保十九年（一七三四）に近江の儒学者寒川辰清が編述した地誌の『近江輿地志略』にも、琵琶湖について詳細に記されている。すなわち、

詩人呼びて一名を琵琶湖といふ。其形似たるを以てなり。堅田よりして以北十七里は、東西広くして琵琶の腹の如し。堅田より勢多に至って四里は、東西狭くして一里余に過ぎず。たとへば琵琶の鹿頭あるに似たり。勢多より山城国宇治の辺りに至っては狭く、細くして琵琶の海老尾の如く、竹生島を以て覆手に比喩るといへり

とある。詩人とあるのは、おそらくいままでに記述した景徐周麟・貝原益軒・

松尾芭蕉などのことをさすのであろう。文面では湖の形状が楽器の琵琶に似ていることや、琵琶の形容と湖の形態に合わせているところは、前述の益軒の「西行紀行」とほぼ同様である。さらに、『近江輿地志略』には、「鮒、琵琶湖に産する処也」をはじめ「東琵琶湖」といった表記もみられる。

このように固有名詞として琵琶湖の呼称が、各種の資料に登場しだしたのは、江戸時代中期にあたる元禄二年（一六八九）から享保年間（一七一六～三六）にかけてである。ちょうどいまからおよそ三七〇年前に、「琵琶湖」という呼称が定着したといえる。これははじめて琵琶湖が表記されてから、すでに約二三〇年ほど年代を経たことになる。

そして、湖のことを固有名詞として琵琶湖と冠した文献が、江戸時代中期以降にみることができる。なかでも地図のうえではじめて「琵琶湖」の表記がみられるのは、江戸時代後期になってからである。その代表的なものは、幕府の天文方いわゆる測量家で著名な伊能忠敬《いのうただたか》（一七四五～一八一八）の伊能図である。

忠敬は一七年間にわたる測量にもとづいて作成された地図は縮尺の大図・中図・小図の三種類に分けられる。それとは別に幕府、知人の謹呈用に製作され

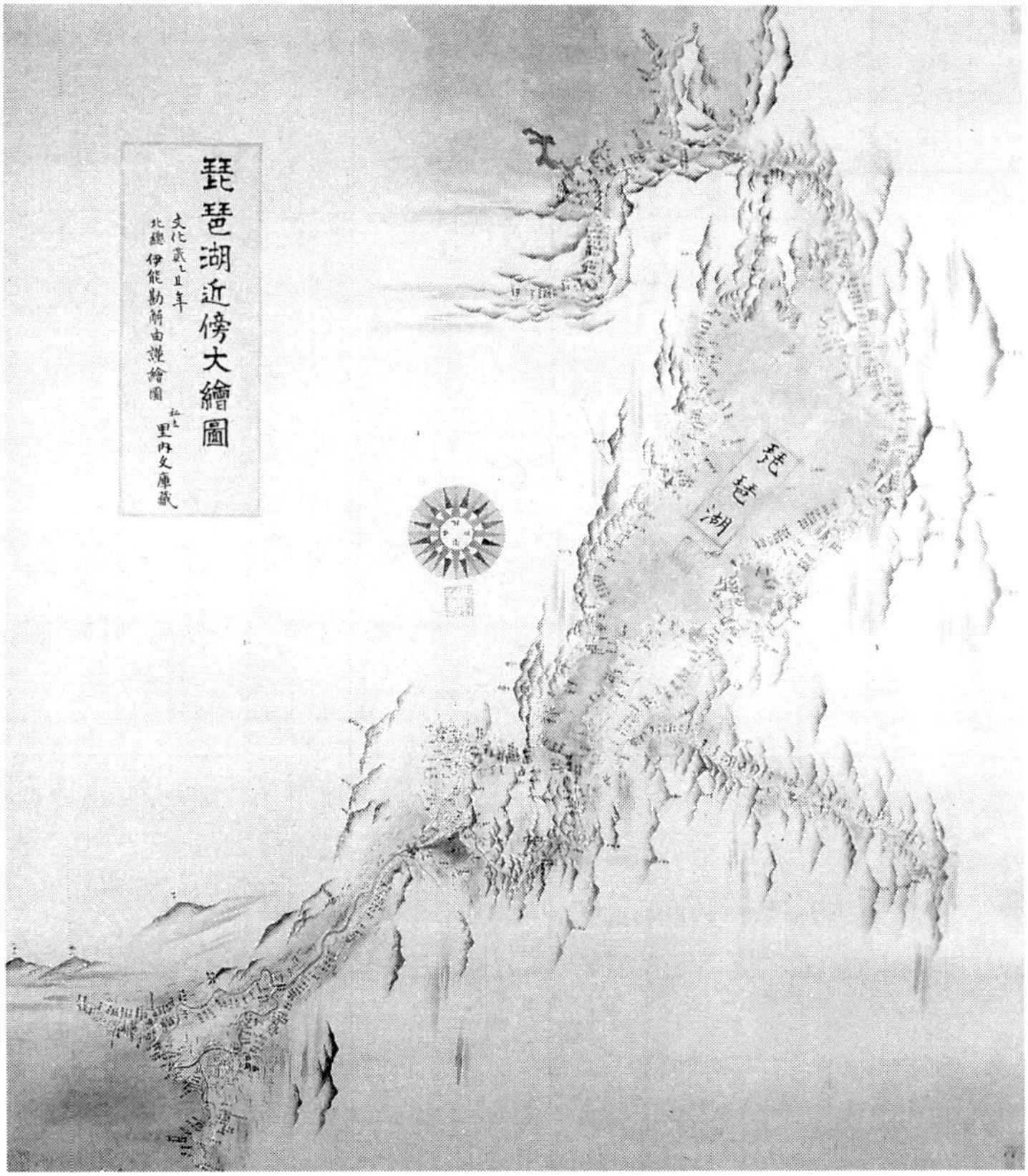

伊能忠敬の「琵琶湖図」を写した「琵琶湖近傍大絵図」（栗東歴史民俗博物館蔵）

た地図があるが、その一つに「琵琶湖図」（伊能忠敬記念館蔵）がある。それには文化四年（一八〇七）に敦賀湾から琵琶湖を経て大坂までの範囲が詳細に描かれている。地図の精度は高く、その後の地図作成に大きな影響を与えたという。[39]

写真は栗東歴史民俗博物館蔵の「琵琶湖近傍大絵図」（一二〇×一〇四・二）である。かつて里内勝治郎が、忠敬の「琵琶湖」の原図を忠実に写したものである。琵琶湖の表記とともに琵琶湖の正確な形態を知ることができる。忠敬の測量によって文政四年（一八二一）に全国図が完成した。これは「大日本沿海輿地全図」（二四〇×一三一・八）とよばれ、一般に「伊能図」としてよく知られている。これにも琵琶湖の表記がある。このように伊能忠敬によって日本地図のなかに琵琶湖が表記されたことは、琵琶湖の呼称を全国的に定着させる重要な役割を果たしたといえるだろう。

それ以前の慶長十年（一六〇五）の「慶長日本図」（国会図書館蔵）には湖は描かれてても湖名はない。そして元禄四年（一六九一）の「日本海山潮陸図」（同上）や元禄一〇年の「近江国絵図」（県立図書館蔵）にも、琵琶湖の表記はない。しかし、前掲した正徳三年（一七一三）の「和漢三才図会」の地理編に、近江の国の中央に「琵琶湖」の表記がみられる。そして測量された精密な地図上に琵琶湖の表記がみられるのは、もちろん伊能忠敬の地図からであるといえるだろう。

伊能図の後に発行された地図に必ず琵琶湖の湖名がみられるとは限らなかった。ちなみに安政三年（一八五六）の紙本彩色版の「細見新補近江国大絵図」（大津市歴史博物館蔵八九・三×一四一・八）には湖水とある。ところで日本を訪れたオランダのシーボルトは、「伊能図」を参考に天保十一年（一八四〇）日本図を作成しているが、これにはもちろん「ＢＩＷＡＫＯ」と書いている。シーボルトの日記にあたる『江戸参府紀行』に、「近江の湖または琵琶湖と呼ばれる有名な湖水の東南側にある大津の町につく。（中略）われわれは一軒の茶屋に立ち寄り、湖上に突き出している見晴し台からすてきな景色をみて楽しんだが、悪天候と冷たい東風とでだいぶマイナスになった」と琵琶湖の風景を綴っている。このように外国人の紀行文に琵琶湖の呼称を記録していることは、その呼称が公式に定着していたことを示す一つの事例であろう。

ところで、明治に入って琵琶湖の湖名を冠した名称が次々と現れ、湖名が定着したことがわかる。すなわち、明治三年（一八七〇）に第一琵琶湖汽船会社が設立、同六年に「琵琶湖丸」も就航。続いて滋賀県下ではじめての新聞「琵琶湖新聞」発刊された。同十七年には、「琵琶湖踊」も行われている。そして、明治三十年に治水団体の組織「琵琶湖治水会」が発足した。さらに湖水と京都を結ぶ疏水《そ》には、琵琶湖疏水と命名されている。

「六十余州名所図会」のうち「近江　琵琶湖石山寺」（草津市教育委員会蔵）

近江八景と琵琶湖

満々と水をたたえた琵琶湖、それを取り囲む美しい山々が、よりいっそう湖を引き立たせてきた。この琵琶湖を中心とした美しい景観は、古代から多くの人々の心を風雅の道に誘ったのである。

すでに述べたように日本最古の歌集『万葉集』には、湖をはじめ近江の名所を題材にした歌が一一六首もある。平安時代中期以降流行した歌謡を集成した『梁塵秘抄』には

これより東は何とか関山、関寺、大津、三井の颪《おろし》、粟津、石山・国分や瀬田の橋、千の松原、竹生島

とある。また、清少納言の『枕草子』にも「寺は石山、橋は勢多（瀬田）、野は粟津野、浜は打出浜、崎は唐崎、山は比良」と当時知られていた名勝地を書

いている。

このほか平安時代の菅原孝標《たかすえ》の娘による『更級《さらしな》日記』、鎌倉時代の阿仏尼の作による『十六夜日記』をはじめ多くの紀行文や歌集に、琵琶湖を中心とした風光が綴られている。

このような文学作品だけでなく鎌倉時代中期の「四季絵屛風」には、「春打出浜・粟津野・志賀浦、夏　辛崎・勝野原・瀬田橋、秋　真野入江・八州（野洲）河・三津浜、冬　方（堅）田浦」といった名所の情景が描かれた。[40]また、鎌倉時代後期の絵巻「天狗草紙」には、湖に突き出た唐崎のみごとな松。同時代の『石山寺縁起』では、瀬田川に浮かぶ名月や瀬田川に架かる橋などの描写がある。さらに室町時代の屛風「近江名所図」（重要文化財）にも唐崎の松、湖中に浮かぶ堅田の浮御堂、三井寺などをはじめとする湖辺の風景を詳細にみることができる。

これらの事象をみると、室町時代後期にはすでに近江のすぐれた名勝が、文学作品や絵画・屛風などの題材や画題となり、愛され親しまれていたことを証明しているといえるだろう。そして鎌倉時代に中国から栄西が臨済宗、道元が曹洞宗をそれぞれ日本に伝えてから以降、日本の風景観に大きな影響を及ぼしたのである。

すなわち、室町時代に入ると前述の禅宗の影響で、中国の宋・元の水墨画が脚光をあび、日本の風景の鑑賞や描き方に少なからず変化を与えた。その最も顕著な例が、中国の瀟湘《しょうしょう》八景であり、そしてそれを模して選ばれた近江八景の登場である。

まず瀟湘八景であるが、これについては、すでに断片的に記述してきた。瀟湘の始源は、中国の湖南省内を流れる湘江が、途中で瀟水と合流して大湖の洞庭湖に注ぐ、この瀟水と湘江を含む洞庭湖周辺のすぐれた風景のなかの八景が、「瀟湘八景」とよばれていることによる。この瀟湘八景（平沙《へいさ》落雁　遠浦《えんぽ》帰帆　山市《さんし》晴嵐　江天《こうてん》暮雪　洞庭秋月　瀟湘夜雨　煙寺《えんじ》晩鐘　漁村夕照《せきしょう》）は、中国の代表的な名勝地である。瀟湘の景勝を北宋の文人画家宋迪《そうてき》が、八景に見立てて絵画にしたことが八景の始まりともいわれているが定かではない。

ところで、室町時代では風景を鑑賞する場合には、とくに瀟湘八景の例がよく表現されることになった。すでに紹介したように京都五山を代表する詩僧の相国寺の横川景三、景三に師事をした五山の詩僧の景徐周麟も、それぞれ琵琶湖の風景を実際に眺めて、「瀟湘八景といえども、このようなすばらしいものはない」と綴っている。

そして、瀟湘八景とともに中国の浙江省杭州《こう》にある西湖《せいこ》の景勝も、中国からの渡来僧によって伝えられている。杭州の中心は西湖といわれ、杜甫・李白などの詩にも登場する景勝地である。ちなみに西湖十景のなかでも平湖《へいこ》秋月・三潭印月《さんだんいんげつ》・柳浪聞鶯《りゅうろうぶんおう》の名勝はとくに著名だ。筆者も洞庭湖のあと西湖も訪れたが、琵琶湖と比べてずいぶんと小さいがそのすばらしい風景に魅せられた一人である。一九九〇年にはここで第四回世界湖沼環境会議が開催されている。おそらく中国の瀟湘八景・西湖十景のイメージが、次の近江八景の選定の伏線になっていたのかもしれない。

近江八景は、史料的にみていつごろ選定されたかは明確ではないが、おおよそ江戸時代初頭と考えられる。すなわち、それは当時の公家近衛信尹《のぶただ》（三藐院《さんみやくいん》一五六四〜一六一四）の画賛（画の上に書き加えられた詩句）によって知ることができる。信尹は書・和歌・画にも精通し、とくに書道においては「寛永の三筆」の一人に数えられるほど当時を代表する文化人であった。年代は少し下るが延宝三年（一六七五）ごろ京都の医師黒川道祐は、『遠碧軒記』に「近江八景の歌、ならびに名は三藐院殿作也」と書いているところから、八景は信尹が選んだことを裏付けているといえよう。信尹は自ら選んだ近江八景の画にそれぞれ一首の和歌を添えている。

石山秋月　石山や鳰の海てる月かげは　明石も須磨もほかならぬ哉《かな》
勢多夕照　露時雨もる山遠く過ぎきつつ　夕日のわたる勢多の長橋
粟津晴嵐　雲はらふ嵐につれて百船も千船も　波の粟津に寄する
矢橋帰帆　真帆ひきて八（矢）橋に帰る船は　今打出の浜をあとの追風
三井晩鐘　思ふそのあかつきちぎるはじめぞと　まず聞く三井の入あいの鐘
唐崎夜雨　夜の雨に音をゆずりて夕風を　よそにそだてる唐崎の松
堅田落雁　峰あまた越えて越路にまづ近き　堅田になびき落る雁かね
比良暮雪　雪晴るる比良の高嶺の夕暮は　花の盛りにすぐる春かな

とある。信尹は、近江のすでにいままでに知られていた数ある名勝の中から、当時もてはやされていた瀟湘八景の情景と取り合わせて、近江八景を選定したものと考えられる。それにしても信尹の近江八景は、瀟湘八景に模してはいるものの、近江の名勝の形態とこれほどまでに上手に合致したものはないといえるだろう。

また、信尹とほぼ同時代の著名な儒学者林道春（羅山　一五八三〜一六五七）も、同様の近江八景をあげ、それに「近江国琵琶湖八景」として、それぞれ八首の七言絶句を付している。たとえば石山秋月には

波の砠《しゃ》の秋色　孱顔《さんがん》を照し　湖面の姮娥《こうが》
髻鬟《けいかん》を聞く　一夜洞庭　日本に通じ　石山は画の如く　是《これ》君山

とある。近江八景とともに琵琶湖八景と表現していることが注目される。石山秋月の大意は、波の石山にただよう秋のけはいは、山の稜線をきわだたせ、湖面に映る月からは、月世界にいるという美人の髪形が浮かびあがってくるようだ。今夜は洞庭湖の景色が、あたかも日本に移ってきたようで、その絵のような石山の姿は、洞庭湖の中にある君山とみるようである。

この二つの事柄からも、近江八景の名所観が、江戸時代初期にはかなり文化

人層に普及していたことがうかがわれる。寛文七年（一六六七）には、元政が八景にちなんで「琶湖八景」をしたためている。そして少し年代がくだるが、松尾芭蕉も全部ではないが、近江八景に数えられた名勝を意識した俳句を残しているが、それに近江八景と俳句を結びつけてみると

石山秋月　汐焼かぬ須磨よこの湖秋の月
唐崎夜雨　唐崎の松は花より朧《おぼろ》にて
堅田落雁　病雁の夜寒に落ちて旅寝かな
瀬田夕照　夕日は二つ過ぎても瀬田の月

のようになる。芭蕉はさらに名文で知られる『幻住庵記』にも「そぞろに興じて、魂、呉・楚（中国の詩人杜甫の詩）東南に走り、身は瀟湘・洞庭に立つ」と幻住庵から琵琶湖の景勝を眺望して綴っている。芭蕉も前述したように、近江の風光をこよなく愛し、みずからも琵琶湖畔にその墓所を選んでいるほどである。

ところで、近江八景は、漢詩だけでなく室町時代にはすでに絵画の画題として描かれている。その代表的な作品として、京都山科の勧修寺《かじゅうじ》書院の伝土佐光

起の障壁画「金地着色八景図」や、久隅守景の屏風「紙本彩画近江八景図」などが知られている。

近江八景は、年代がくだるにしたがって日本の代表的な名勝として人々に意識されてきた。その一役をになったのは道中記・名所記・名所図会・浮世絵版画などの印刷物であった。なかでも名所の挿絵と文で綴った寛政九年（一七九七）の『東海道名所図会』には、近江八景を紹介している。たとえば「矢橋」のところでは

この浦も淡海八景のその一つにして、風景斜あらず（ひととおりではない）、向うに比良・四明（比叡山系の最高峰）の高嶺（中略）志賀浦、唐崎の松、打出の浜、大津、粟津の城（膳所城）、粟津原まで残りなく鮮やかに見えわたり、風流の勝地なり

とあり、矢橋からみることのできる湖辺の名勝をあげている。『東海道名所図会』を読んだ人々は、おそらくぜひ近江の風光を実際にみてみたい衝動にかり立てられたことだろう。

また、山形県出身の志士清河八郎の日記『西遊草』では、三井寺の高台から

みた琵琶湖の景観について綴る。

近江八景のうち最も見晴らしのよき所にて、琵琶湖を眼下にいたし。比叡山より比良の山、また、唐崎の松、湖水の往来船を一望いたし（中略）並松あり。湖水の端を往来する。是すなわち近江八景の一なる粟津なりとある。このように遠方の志士の私日記にも、これだけ名所が書かれていることは、近江八景がすでに広く知られていたことを物語っている。

近江八景が全国的により知られることになった要素の一つに浮世絵版画があった。江戸時代中期以降に、浮世絵版画の格好の画題として近江八景が選ばれたのである。奥村政信・鳥居清信・葛飾北斎・歌川（安藤）広重などといった当年代を代表する浮世絵絵師が、競って近江八景版画を世に出したのである。なかでも歌川広重の近江八景は著名であった。

広重は、天保五年（一八三四）ごろに出した「東海道五拾三次」によって浮世絵風景版画家として一躍その地位を高めた。とき同じく広重は大判錦絵「近江八景之内」の八枚揃の版画を描いた。広重の代表作のひとつとなる最高傑作となった。これは人気を博しその後も二十四種にのぼる近江八景のシリーズを

歌川広重「近江八景」のうち「堅田の落雁」（大津市歴史博物館蔵）

発行している。広重の八景のなかでも繊細な描写が要求される「比良暮雪」と「唐崎夜雨」がよりすぐれているといわれる。八景の版画で共通していえることはいずれも琵琶湖を視座に入れて描かれ、湖あっての近江八景であることを強く感じさせる。

そして、近江八景は日記や浮世絵だけでなく、江戸時代の絵馬・友禅染め小袖・蒔絵《まきえ》箱・蒔絵硯・蒔絵文台・染付大皿・印籠《いんろう》・大津祭曳山の欄間《らんま》など広く美術工芸品の題材として用いられた。それだけ近江八景が、人々に親しまれていた証明といえるだろう。

近江八景は、近代に入っても著名な画家が筆をとっている。ちなみに塩川文麟・森川曽文・川端玉章・岸竹堂・今村紫紅・伊東深水などがあげられる。また、現代でも池田遥邨・茨木杉風そして中路融人・下保昭らがいる。なかでも下保昭(一九二七〜)は、水墨画の「近江八景」と彩色の「琵琶湖十景」といった力強い作品を残している。(41)

このように室町時代から現代に至るまで、近江八景が描かれてきた。それは琵琶湖の存在を視覚的に全国に発信したといっても過言ではない。そして、近江八景は日本人の風景鑑賞の原型の一つともなった。八景が江戸時代に定着して以来、八景に模して日本各地の名勝のあるところで八景あるいは十景といった風景が選定されている。先の『遠碧軒記』によれば、会津八景・小倉八景をはじめおよそ三〇有余の八景をみることができる。

それはともかく、近江八景は琵琶湖の景勝があってはじめて誕生したことはすでに述べたが、八景のほとんどがどちらかといえば琵琶湖の南湖いわゆる湖南に集中している。すなわち東と西を結ぶ幹線道にあたる東海道筋を中心に、その道筋から風景が眺望できる立地条件にある。

東海道を往還する人々が、四季を問わず容易に眺められた景色であったために、より多くの人々に愛されたともいえるだろう。現在では、社会情勢によって景観が大きく変化し、八景のうち矢橋帰帆・粟津晴嵐は早くに消滅し地名のみ残すだけで、他の六景は、そのものの形態は少し異なるが現在でもほぼ実体験することはできる。

前述したように近江八景が湖南に集中しているところから、昭和二十五年（一九五〇）に琵琶湖が国定公園に指定されたことを機に、県民によって「琵

琶湖八景」が選定された。それは

夕陽　瀬田・石山の清流
煙雨　比叡の樹林
涼風　雄松崎の白汀
暁霧　海津大崎の岩礁
新雪　賤ヶ岳の大観
月明　彦根城の古城
春色　安土・八幡の水郷
深緑　竹生島の沈影

である。八景のうち五景が琵琶湖と密接な関係をもっている。いずれにしても近江八景・琵琶湖八景にしても、「美」と「風情」を生み出す琵琶湖の存在あっての風景であることを物語っているといえるだろう。引いては、琵琶湖の呼称の定着化に前述した近江八景をはじめとする琵琶湖のすぐれた景観の果してきた役割は大きい。

さざ波と琵琶の音色

琵琶湖の呼称については、その形態に由来することを中心に記したが、楽器の琵琶とそれから発される音との関係について若干みてみよう。

琵琶をもつ弁才天は、妙音天・美音天の異称をもつぐらい、水神の神であるとともに音楽の神として認識されてきたことについては前述した通りである。すでに述べた『淡海録』に「天女音楽を好むことによって、琵琶湖と名付ける」とある。すなわち、弁才天は琵琶を奏でることを好むことによって琵琶湖の呼称となったとしている。少し飛躍するが、琵琶の奏でる静かな美しい音色と湖水の静かな波、いわゆるさざ波の発する音色が一致しているように考えられないだろうか。

さざ波については、前述したように淡海・鳰の海と並んで湖のことを示している。さざ波は細波の字をあてるが、これとともに小波の表記もある。淡海のことについて、江戸時代後期の文化十一年（一八一三）刊行の『近江名所図会』には、「ササは小の意にて浅水の貌なり」とある。琵琶湖は太平洋・日本海のような波でなく、静かな小さな波を象徴するのであろう。

ちなみに、世界の湖の呼称のなかで、琵琶湖とよく似た湖がある。琵琶湖と同様に世界の古代湖の一つに数えられている中近東のイスラエル北部に位置するキネレット湖である。ガラリヤ湖ともよばれ聖書にも出てくる湖で、面積は琵琶湖の約四分の一にあたる一六八平方キロメートル。その湖名は湖の形状がキンノール（七弦琴）に似ているところから、語源は琴湖（キネレット）と称されている。琴湖の呼称は実際に湖面の波が、琴をかき鳴らすさまに似ていることに由来するという。(42)

また、明治三十八年（一九〇五）県立商業高校（現県立八幡商業高校）の英語教師として来日したウイリアム・メレル・ヴォーリズは、琵琶湖をガラリヤ湖と見立てて蒸気船ガラリヤ丸を進水させている。(43)

この事例から推測すると、琵琶湖の呼称も地形が琵琶の形によく似ているこ

キネレット湖：イスラエルに所在し、「琴湖」ともよばれている。（滋賀県立琵琶湖博物館　牧野久美さん撮影）

とともに、琵琶湖の湖面のさざ波が、琵琶の音色そのものによく似ていることによるといっても過言ではない。管見の限り世界の湖名のなかで、楽器によって付けられた湖は、この二例のみであるが、ほかにも存在しているような感じがする。

ところで、さざ波の表記は、琵琶湖の呼称が登場するより随分と早い奈良時代に、すでに湖を表記することばとして使用されていた。それは当然湖が作り出す湖岸に小さな打ち寄せる波の様相によって付けられたのであろう。その意味からいえば、さざ波の波の形容と音色は、琵琶湖独特の風情を象徴しているといえる。そして、さざ波を含めての琵琶湖の景観と呼称が、長年にわたって多くの人々に親しまれ、それが琵琶湖の呼称由来の大きな要因となったといえるだろう。

註

(1) 寺尾宏二「琵琶湖なる湖名の始源について」(『京都産業大学論集』第四号　昭和五〇年)
(2) 関　啓司「湖名〝びわ湖〟について」(『民俗文化』第二〇九号　滋賀民俗学会　昭和五六年)
(3) 木村至宏「琵琶湖の呼称についての一考察」(『成安造形大学研究紀要「鳰」第五号』平成一〇年)
(4)(5) 滋賀県編「滋賀の自然と人を語る―新しい淡海文化の創造をめざして―」(ぎょうせい　平成九年)
(6) 滋賀県立琵琶湖博物館編『湖と人間―びわ湖の足あと　ここが入口―』平成十一年
(7) 小笠原好彦『近江の考古学』(サンライズ出版平成十二年)
(8)(9) 大津市歴史博物館編『琵琶湖と水中考古学―湖底のメッセージ―』平成十三年
(10) 松井章「粟津湖底遺跡の成果」(滋賀文化財教室シリーズ第七三号滋賀県文化財保護協会　平成一〇年)
(11)(12) 大津市歴史博物館編『琵琶湖の舟―丸木舟から蒸気船へ―』平成五年
(13) 横田洋三「縄文時代復元丸木船―さざなみの浮舟―の実験航海」(『紀要』第四号　滋賀県文化財保護協会　平成二年)
(14)(15) 櫻井信也「大津宮の宮号とアフミの表記」(『近江地方史研究』第三二号　近江地方史研究会　平成八年)淡海・近淡海の表記について綿密な論考に負うところが大きい
(16) 『年表日本歴史Ⅰ』(筑摩書房　昭和五五年)
(17) 用田政晴「信長船づくりの誤算―湖上交通の再検討―」(サンライズ出版　平成十一年)
(18) 「大中の湖南遺跡に港湾施設」(朝日新聞滋賀版平成一三年五月十六日付)
(19) 『赤野井湾遺跡』(琵琶湖開発事業関連埋蔵文化財発掘調査報告書2　滋賀県教育委員会　平成一〇年)
(20)(21) 木村至宏「琵琶湖の湖上交通の変遷」(『近江の歴史と文化』所収　思文閣出版　平成七年)

(22)「渓嵐拾葉集」(『大正新修大蔵経』第七六巻続諸宗部七　大蔵出版　平成四年)

(23)吉田金彦『京都・滋賀の古代地名を歩くⅡ』(京都新聞社　平成三年)、「近江の地名について」(『湖国と文化』第九一号　滋賀県文化振興事業団　平成一二年)

(24)秋田祐毅『開かれた風景』(サンブライト出版　昭和五八年)

(25)(26)(27)立川武蔵・石黒淳・菱田邦男・島石『ヒンドゥー教の神々』(せりか書房　平成二年)

(28)(29)根立研介『吉祥・弁才天像』(『日本の美術』第三一七号　至文堂　平成四年)弁才天信仰の発生や像容について詳細に論述されている。

(30)頼富本宏ほか『密教の世界』(大阪書籍　昭和五七年)

(31)註の(28)と同じ

(32)(33)特別展図録『竹生島宝厳寺』(市立長浜城歴史博物館　平成四年)

(34)古寺巡礼近江『竹生島宝厳寺』(淡交社　昭和五七年)

(35)『京都市の地名』(日本歴史地名大系　平凡社)

(36)(37)註の(28)と同じ

(38)『多景島湖底遺跡Ⅰ』(滋賀県教育委員会　昭和五八年)

(39)大津市歴史博物館編『古絵図が語る大津の歴史』平成十二年

(40)宮島新一「近江八景の成立」(『近江八景』所収　滋賀県立近代美術館　昭和六三年)

(41)『今津町史第三巻』(今津町　平成十三年)

(42)滋賀県立琵琶湖博物館編『古代湖の世界』および同博物館学芸員牧野久美さんの教示による

(43)石丸正運『湖国風景の展開』(図録『現代の近江八景』所収　滋賀県立近代美術館　平成五年)

おわりに

琵琶湖は、世界で四番目に古い生い立ちをもつ古代湖の一つである。日本最大の面積をもつ琵琶湖は、日本とくに近江の歴史と文化の構築に、大きな役割りを果してきたことは記すまでもない。

この琵琶湖という湖は、人々が動きはじめた奈良時代から文献に登場してきた。当時はあくまでも湖は、淡海・近淡海・さざなみ・鳰の海とよばれていたのである。

そして日本の歴史が大きく発展した平安時代には、前代に増して多くの人々が湖に訪れ、数多くの文学作品を著わしてきた。しかし、それらには、いまだ琵琶湖という呼称は表記されていなかった。

琵琶湖の呼称の由来につながる要因として、楽器の琵琶が資料のうえに登場したのは十四世紀初頭である。すなわち天台宗の学僧光宗が編述した『渓嵐拾葉集』のなかにみることができる。それには湖上に浮かぶ聖なる島として古代から畏敬の念で見られてきた竹生島の存在であった。竹生島にはもともと産土神の浅井姫神をまつっていたが、平安時代に仏教の守護神として外来（異教）の弁才天が摂取され神仏習合となった。そして弁才天が島主となり、仏教護持の護法神へと変容して行く。

弁才天像には多臂像と二臂像の像容があるが、湖の呼称を考える場合は二臂琵琶弾奏像にそのルーツがある。すなわち弁才天の持ち物は、東洋の楽器の琵琶であり、それが湖の地形に似ていると『同書』にある。

弁才天は水を司る水の神であるとともに妙音天・美音天の異称があり音楽・芸術の神でもあった。このことから琵琶の奏でる音と、湖水のささやくようなさざ波の音も、呼称を考える場合に見落とすことができないだろう。『同書』には、湖が琵琶の形状と湖の形態をあわせて湖が琵琶に似ていると書かれてはいるが、まだ琵琶湖とは呼ばれていなかったのである。

ところで、固有名詞として琵琶湖という名称が、文献に現れてくるのは、文保二年（一三一六）ごろの前述の『渓嵐拾葉集』からおよそ一九〇年後のことである。すなわち室町時代に五山の詩僧たちが京都の乱を避けて近江に入った。詩僧は近江のすぐれた風光を詩にしたためたが、その一人景徐周麟は、漢詩

「湖上八景」のなかで「琵琶湖」と書く。これが琵琶湖の表記の初出である。周麟がこれを詠んだ時期は、永正元年（一五〇四）ごろと考えられるので、いまからちょうど約五〇〇年前にあたる。琵琶湖の歴史からみればその事象は、随分と新しいといわなければならない。

これに次いで琵琶湖の名称が具体的に登場するのは、また年代がくだり江戸時代中期になってからだ。元禄二年（一六八九）儒学者貝原益軒が、紀行文のなかで琵琶湖の呼称と楽器琵琶と湖の地形との対比を詳細に書きとめている。続いて松尾芭蕉・原田蔵六・寒川辰清などがそれぞれの著作で「琵琶湖」と表記しているので、いまから約二七〇年ほど前に琵琶湖の呼称がおおよそ定着したといえるだろう。そして琵琶湖の呼称は、測量家伊能忠敬の日本地図においてはじめて確定付けられたのである。さらに琵琶湖とその湖名がより広く全国に知られるようになったのは、江戸時代後期の浮世絵版画をはじめとする名所図会・道中記などが大きな役割を果たしている。

それはともかく、本書では琵琶湖の呼称の由来について、文化史の視点に軸足をおいて記述をしたつもりである。みなさんのご批評・ご教示いただければ幸いである。

無限の恵みを私たちにもたらしている琵琶湖、そして美しい琵琶湖が織りなすすぐれた風光に、強い憧れをもっていままでに人々は、湖に接し多くの文化を醸成してきた。しかし、近年湖の水質汚染や湖辺のゴミ類の投棄など湖の環境保全が強く叫ばれている。憂うべき現象といえる。現代に生きる私たちは、滋賀県のシンボルであり、かけがえのない美しい湖と、そのすぐれた周辺景観を守り、次代に伝えるためにもつねに湖に目を向けることが大事であろう。

なお、末尾ながら本書の刊行にあたり貴重な写真などをこころよくご提供していただいた所蔵者の方々・関係機関、とくに格別のお世話になったサンライズ出版社長の岩根順子さんそして加藤賢治さんに、ここに改めて厚くお礼申しあげる次第である。

平成十三年十月吉日

木村至宏

■著者略歴

木 村 至 宏（きむら　よしひろ）

1935年10月　滋賀県生まれ。
大谷大学大学院文学研究科中退　日本文化史専攻。
大津市教育委員会文化財保護課。大津市史編纂室室長。
大津市歴史博物館初代館長。2000年同博物館顧問。
1996年成安造形大学教授。
1998年成安造形大学附属研究機関芸術文化交流センター所長を兼任。
2000年8月成安造形大学学長。

主な著書
『日本都市生活史料集成　港町編』（共著　学習研究社）
『江戸時代図誌　畿内』（共編著　筑摩書房）
『図説滋賀県の歴史』（編著　河出書房新社）
『日本歴史地名大系　滋賀県の地名』（共編著　平凡社）
『図説近江の街道』（編著　郷土出版社）
『図説近江古寺紀行』（河出書房新社）
『近江戦国の道』（共著　サンライズ出版）
『近江の道標－歴史街道の証人』（京都新聞社）ほか多数。

琵琶湖 ―その呼称の由来―　淡海《おうみ》文庫21

2001年10月28日　初版1刷発行
2004年6月10日　初版2刷発行

企　画／淡海文化を育てる会
著　者／木 村 至 宏
発行者／岩 根 順 子
発行所／サンライズ出版
滋賀県彦根市鳥居本町655-1
☎0749-22-0627　〒522-0004
印　刷／サンライズ出版株式会社

ISBN4-88325-129-2 C0021

淡海文庫について

「近江」とは大和の都に近い大きな淡水の海という意味の「近（ちかつ）淡海」から転化したもので、その名称は「古事記」にみられます。今、私たちの住むこの土地の文化を語るとき、「近江」でなく、「淡海」の文化を考えようとする機運があります。

これは、まさに滋賀の熱きメッセージを自分の言葉で語りかけようとするものであると思います。

豊かな自然の中での生活、先人たちが築いてきた質の高い伝統や文化を、今の時代に生きるわたしたちの言葉で語り、新しい価値を生み出し、次の世代へ引き継いでいくことを目指し、感動を形に、そして、さらに新たな感動を創りだしていくことを目的として「淡海文庫」の刊行を企画しました。

自然の恵みに感謝し、築き上げられてきた歴史や伝統文化をみつめつつ、今日の湖国を考え、新しい明日の文化を創るための展開が生まれることを願って一冊一冊を丹念に編んでいきたいと思います。

一九九四年四月一日